绝缘子应用

及故障案例分析

卢明　主编　JUEYUANZI YINGYONG
JI GUZHANG ANLI FENXI

中国电力出版社
CHINA ELECTRIC POWER PRESS

内 容 提 要

绝缘子出现故障，会使正常运行线路跳闸，发生电网安全事故。为了及时更换问题绝缘子，避免发生绝缘子故障，本书给出输电线路运行中的各类绝缘子的常见故障，以使线路运维检修人员及时发现问题，进行隐患和故障处理，提升输电线路的安全运行。

本书共五章，主要内容包含各类绝缘子应用情况概述，瓷绝缘子、玻璃绝缘子、复合绝缘子的分类结构和特点以及性能试验与评价，各类绝缘子故障案例分析，RTV 防污闪涂料技术及故障案例分析。

本书可供从事输变电运行维护、技术管理、试验研究等工作人员阅读使用，同时也可供绝缘子生产厂商技术人员学习参考。

图书在版编目（CIP）数据

绝缘子应用及故障案例分析 / 卢明主编 . —北京：中国电力出版社，2020.6
ISBN 978-7-5198-4349-6

Ⅰ．①绝…　Ⅱ．①卢…　Ⅲ．①绝缘子　Ⅳ．① TM216

中国版本图书馆 CIP 数据核字（2019）第 029090 号

出版发行：中国电力出版社
地　　址：北京市东城区北京站西街 19 号（邮政编码 100005）
网　　址：http://www.cepp.sgcc.com.cn
责任编辑：薛　红（010-63412346）
责任校对：黄　蓓　常燕昆
装帧设计：张俊霞　赵姗姗
责任印制：石　雷

印　　刷：三河市航远印刷有限公司
版　　次：2020 年 6 月第一版
印　　次：2020 年 6 月北京第一次印刷
开　　本：787 毫米 ×1092 毫米　16 开本
印　　张：13
字　　数：275 千字
印　　数：0001—1500 册
定　　价：65.00 元

编 委 会

前 言

　　绝缘子按照材质主要分为瓷绝缘子、玻璃绝缘子、复合绝缘子三类。瓷绝缘子是随着电力工业的兴起而首先发展起来的，距今已有 100 多年的历史，是电力系统中使用最广泛的绝缘子。钢化玻璃绝缘子是在 20 世纪 30 年代中期，由英国率先采用钢化工艺方法制成的，距今也有 80 多年的历史。自 20 世纪 50 年代国外开始研究和使用复合绝缘子，复合绝缘子在我国近 20 年得到非常迅速的推广应用。从 2006 年前后，RTV 防污闪涂料在我国电网输变电设备中逐步被广泛应用，经历了由多组分、双组分、单组分的发展过程，经多年挂网运行，产品质量逐步提升，有近十年的成功运行经验。近些年还出现了包括瓷复合绝缘子、防雷绝缘子、硬质复合绝缘子、工厂复合化绝缘子等新技术、新产品。

　　随着我国电网的快速建设，绝缘子使用数量的激增，由各种绝缘子带来的各种问题也日益增多。目前现场运行维护、技术管理、试验研究等单位的人员迫切需要快速学习和掌握各种绝缘子更全面的知识，客观了解各种绝缘子的优缺点和运行中发生的典型案例。

　　基于国网河南省电力公司电力科学研究院承担的国家电网公司科技指南项目《特高压交直流工程用大吨位绝缘子运行性能跟踪分析评估研究》《运行复合绝缘子酥断机理和诊断技术研究》和中原科技创新领军人才项目《超特高压复合绝缘子性能退化机理分析研究》的研究成果，我们收集汇总了多个省份绝缘子方面的典型故障，对各种绝缘子典型案例进行了深入分析，同时也汇集了多年来我们在绝缘子现场事故分析方面的经验总结。在此也对课题的合作单位：重庆大学、清华大学、国网湖南省电力有限公司、国网浙江省电力有限公司、国网甘肃省电力公司、华中科技大学有关人员表示感谢。在编写本书的过程中，参考和引用了绝缘子方面的典型案例和调查报告，并对有关研究成果进行了汇总，谨在此向他们表示衷心的感谢。本书编者所在单位国网河南省电力公司电力科学研究院近年来在绝缘子现场运行、故障分析等方面有深入的研究，本书中的许多研究成果是首次公开，对其他单位开展相关研究有很好的借鉴意义。

　　全书由国家电网有限公司设备管理部刘敬华担任主审，由国家电网有限公司科技指南项目《特高压交直流工程用大吨位绝缘子运行性能跟踪分析评估研究》《运行复合绝缘子酥断机理和诊断技术研究》和中原科技创新领军人才项目《超特高压复合绝缘子性能退化机理分析研究》三个项目的课题负责人卢明担任主编。

本书的观点或有不当之处，并且由于编者水平所限，技术上也可能存在缺点和不足，不妥之处欢迎读者批评指正，作者不胜感谢。

卢　明

2020 年 5 月于郑州

第一章　各类绝缘子应用情况概述

第一节　瓷绝缘子、玻璃绝缘子应用情况概述

一、瓷绝缘子、玻璃绝缘子发展历程

瓷绝缘子是随着电力工业的兴起而首先发展起来的，距今已有 100 多年的历史，是电力系统中使用最广泛的绝缘子。钢化玻璃绝缘子是在 20 世纪 30 年代中期，由英国采用钢化工艺方法制成的，距今也有 80 多年的历史，其在世界范围内有着日益广泛的运用，曾经在某些国家甚至出现了完全取代瓷绝缘子的趋势。

在国内，20 世纪 90 年代中期，日本 NGK 在唐山建厂和法国 SEDIVER 在自贡建厂，客观上推动了国内瓷绝缘子和玻璃绝缘子制造技术的发展。大连电瓷厂从 300kN 及以下产品的生产过渡到 300~550kN 的产品，现已开发出 840kN 的产品，玻璃绝缘子代表企业南京电瓷厂 2005 年 420kN 产品研制成功，2008 年至今相继研出 420kN 及 550kN 直流产品和双层伞型产品。目前，瓷绝缘子和玻璃绝缘子是我国直接安装在暴露环境中大量使用的绝缘子，它们的优点是具有很好的稳定性，并且具有机械强度高和原材料价格较低廉等特点，但存在质量大、污秽地区容易闪络及生产时间长等缺点。

电瓷绝缘子和玻璃绝缘子的发展主要是对材料、结构及工艺的改进。玻璃绝缘子的自爆率已经大幅度下降，绝缘子的可靠性有了进一步地提高。随着电压等级提高，单片绝缘子机电破坏负荷的要求相应越来越高，目前已经可以制造出 800kN 的电瓷绝缘子，并存在向更高等级发展的趋势；不同地区所适用的绝缘子形状也各异，不存在一种形状绝缘子在不同地区都有较好的适用性，因此绝缘子造型改进仍然是一个持续的课题；电瓷绝缘子的工艺制造方面，有逐步由等静压工艺取代湿法生产工艺的趋向。

二、瓷绝缘子、玻璃绝缘子性能特点

瓷绝缘子是以无机材料氧化铝陶瓷为绝缘体，通过水泥胶合剂与其他金属吊挂件装配而成。电瓷材料具有良好的化学和热稳定性，不易老化变质，并具有良好的电气特性和机械强度。因此，由电瓷材料所制成的瓷绝缘子具有良好的绝缘性能、抗气候变化特性、耐热性、

组装灵活等优点，被广泛用于各种电压等级的输变电工程。盘式瓷绝缘子属于可击穿型，其由采用水泥将物理、化学性能各异的瓷件与金属件胶装的方法构成，但在长期经受电场、机械负荷和大自然的阳光、风、雨、雪、雾等气候条件作用下，会逐步劣化，对电网的安全运行带来威胁。含有劣化绝缘子的绝缘子串发生闪络（由于雷击或污闪等原因）时，可能会使劣化的绝缘子头部瞬间发热爆炸，造成导线掉落事故。

盘形悬式瓷绝缘子的主要生产制作工艺流程为：配料—球磨—挤制—成型—上釉—烧成—胶装—成品包装。盘形悬式瓷绝缘子已基本实现自动化生产，但其制作工序复杂，成品一次合格率较低。盘形悬式瓷绝缘子的优点是伞形结构灵活多变、机械性能可靠、应用范围大、挂网运行时间长；缺点是外形略显笨重、存在击穿风险、耐污性能不佳、在线检测困难。盘形悬式瓷绝缘子串具有柔性和可串行性，目前大量用于输电线路悬垂、耐张及 V 形串，轨道交通（电气化铁路、地铁和轻轨）输电线路也有少量使用。线路棒形柱式和长棒形悬式瓷绝缘子的生产制造工艺与盘形悬式瓷绝缘子相似，只是挤制成型时工艺有所区别。该类型绝缘子的优点是外形多变、机械抗弯性能优异、较难击穿；缺点是外形略显笨重、拉伸性能欠缺、耐污性能不佳。线路棒形柱式绝缘子主要用于电压较低输电线路针式绝缘子、横担，轨道交通中也有使用。长棒形悬式绝缘子多用于输电线路。

瓷支柱和瓷套管成型工艺分湿法成型和等静压干法成型。早期以湿法成型工艺为主，为适应我国特、超高压输电发展的需要，近年来国内企业纷纷采用等静压干法成型工艺。瓷支柱和瓷套管的优点是机械强度优异，抗地震能力强；缺点是整体结构笨重、防人为破坏能力差、耐污性能较差。瓷支柱主要用在变电站和换流站支撑其他电力设备，瓷套管的作用是安全地将户内外电流相互传送或接入电力设备。

玻璃绝缘子具有较好的机电性能，其抗拉强度、耐电击穿性能、耐振动疲劳、耐电弧烧伤和耐冷热冲击性能等都优于瓷绝缘子。绝缘件是由经过钢化处理的玻璃制成的。其表面处于压缩预应力状态，如发生裂纹和电击穿，玻璃绝缘子将自行破裂成碎块，俗称"自爆"，这一特性使得玻璃绝缘子在运行中无须进行"零值"检测。其可靠性较高，原因是玻璃的线膨胀系数较瓷大得多，较复合绝缘材料小得多，而与金属附件和水泥接近，因而受力组件材质匹配良好。在各种气候条件下，不会像瓷绝缘子和复合绝缘子那样容易产生危险应力而导致劣化，数十年的运行和试验数据证明，钢化玻璃绝缘子具有长期稳定的机电性能和较长的使用寿命。玻璃绝缘子的主要问题是表面压应力和内部张应力不平衡导致自爆率较高，主要影响因素为玻璃的化学均匀性、应力分布均匀性及玻璃的钢化强度。为降低自爆率应改进钢化、熔制工艺及玻璃成分，还需加强检测和质量管理，提高生产自动化水平。

玻璃绝缘子的主要生产制作工艺流程为：配料—熔融—成型—钢化—胶装—成品包装。玻璃绝缘子基本实现自动化生产，制造工序和一次合格率与瓷绝缘子相当，但伞形结构变化比瓷绝缘子少。

玻璃绝缘子和瓷绝缘子有着各自的优缺点，可根据线路设计特点具体选型。

三、瓷绝缘子、玻璃绝缘子应用情况

1. 瓷绝缘子应用情况

绝缘子随着运行年限的增长，由于长期受到自然环境的影响，会逐渐向老化状态发展，具体表现为绝缘水平下降。对瓷绝缘子而言，其老化就是指绝缘电阻逐渐降低，接近零值，通常将其称作零值绝缘子。

瓷绝缘子的老化具有后期暴露的特点，随着运行时间的增长，其机电性能逐渐衰减。有相关资料显示，悬式瓷绝缘子在运行早期（开始运行 2~3 年）和运行一段时间后（20 年左右）劣化情况较严重。

目前对于 110kV 和 220kV 线路已经基本全面使用复合绝缘子，500kV 以上线路中仍有部分使用瓷绝缘子和玻璃绝缘子。本书针对各省使用的瓷绝缘子运行情况进行了统计分析。

对各省采集到的瓷绝缘子劣化情况进行统计，结果如表 1-1 所示（数据取自 2016~2018 年单次检修期间）。

表 1-1　　　　　　　　　　　　各省瓷质绝缘子劣化率统计

省份	劣化片数	总片数	劣化率（%）
河南	3	75044	0.0040
浙江	2	164822	0.0012
湖南	24	644940	0.0037
湖北	2	218722	0.0009
江西	9	64354	0.0140
江苏	139	117428	0.1184
四川	21	155480	0.0135

从表 1-1 中可以看出，不同省份瓷绝缘子的劣化率范围在 0.0009%~0.1184% 之间。

某特高压直流 ±800kV 线路瓷绝缘子检零时发现低零值，现场照片如图 1-1 所示。

A 省某 ±800kV 线路自投运以来，于 2016 年停电检修期间通过零值检测发现 1601 号存在 2 片低零值绝缘子。2016 年 4 月 B 省某 ±800kV 线路年检时，发现线路 2328 号极 Ⅱ 小号侧外串第 3 片瓷绝缘子低值，2328 号极 Ⅱ 小号侧外串第 62 片瓷绝缘子低值。2017 年 1 月 C 省某 1000kV 线路停电首检期间发现 139 片低零值瓷绝缘子。综上所述，瓷绝缘子低零值现象在各个省公司的运维检修中均有不同程度的发现。

同时，统计发现我国每年特高压交、直流线路中悬式瓷绝缘子的平均劣化率达到千分之六，而日本仅仅只有十万分之二左右，说明我国绝缘子的生产和运维水平还有较大的提升空间。

2. 玻璃绝缘子应用情况

玻璃绝缘子具有零值自爆的特点，运维方便，同时在实际的运行和维护过程中可以显著减少人工测量的工作量，遭遇闪络故障其不易发生掉串事故，因而在电网运行中得到了越来越广泛的应用。但是，如果发生单串多片玻璃绝缘子的自爆事件，可能会对输电线路的安全

稳定运行造成重大威胁，更为严重的是，短时间内的玻璃绝缘子集中自爆甚至会引起线路的跳闸故障。

图 1-1　瓷绝缘子零值检测过程中发现 2 片绝缘子低值

参考 H 省发生的玻璃绝缘子事故进行了统计分析，玻璃绝缘子尤其是钟罩形玻璃绝缘子因积污量多，清扫困难。运行单位普遍反映，伞下带棱的绝缘子在维护时极不容易清扫，因为沟槽太深，清洁工具根本无法达到。实际运行经验证明玻璃绝缘子尤其钟罩形玻璃绝缘子积污量多，清扫困难，不适合在重污秽地区使用，一般应用在环境良好的轻污区。

第二节　复合绝缘子应用情况概述

一、复合绝缘子发展历程

自 20 世纪 50 年代国外就开始研究和使用复合绝缘子，当时主要使用环氧树脂浇注结构，一般安装在户外。20 世纪 60 年代后期出现了由树脂增强玻璃钢芯棒结合以橡胶或氟塑料等聚合材料为伞裙护套的复合绝缘子，并陆续在 30 多个国家和地区的各种试验线路和工业线路运行，额定电压为交流 15～1500kV，直流为 400～500kV。从 80 年代开始，国外复合绝缘子推广应用非常迅速，美国是使用复合绝缘子最早和应用最广泛的国家。

我国对复合绝缘子的研发始于 20 世纪 80 年代初，尽管起步较晚，但起点高。在吸取国外经验教训的基础上，一开始就研制生产出高温硫化硅橡胶绝缘子。国产复合绝缘子从 1985 年首次挂网试运行至今，得到了生产运行部门的广泛好评，也得到了设计部门的重点关注。近年来，复合绝缘子不仅在各电压等级交流线路调爬中广泛使用，而且在新建线路工程中得到大批量甚至全线路使用。我国电力系统复合绝缘子挂网运行大致可分为科技转化为生产小批量挂网试运行、批量工业性试运行及大规模使用三个阶段。

第一阶段：小批量挂网试运行阶段。1981～1988 年是我国复合绝缘子的研制期，1988～

1990 年期间复合绝缘子的科研工作告一段落，生产出的样品、包括科研过程中的样品开始在各级电网挂网试运行。据统计，最初几年生产厂家较少，只有湖北、河南、上海、内蒙古、山西、京津唐、甘肃和新疆等地的少数供电局试用了约 2000 支左右的复合绝缘子。

第二阶段：批量工业性试运行阶段。20 世纪 90 年代初至 90 年代中期，是复合绝缘子工业试运行阶段。1990 年初华北电网大面积污闪事故，促进了复合绝缘子生产，并大量投入电网中运行。到 1994 年年底，挂网运行已达到 5 万多支，主要集中在污闪多发的东北、华北、西北、华东等地区。在该阶段我国颁布了以国际电工委员会标准为基础的国家行业标准《有机复合绝缘子技术条件》及能源部颁发的文件《绝缘子全过程管理办法》，对复合绝缘子的鉴定、订货、验收、运行等提出规定。在这一阶段，早期开发的复合绝缘子胶装工艺逐渐被淘汰，开发采用了护套挤包、伞套粘接式工艺。

第三阶段：大规模使用阶段。从 1995 年至今复合绝缘子受到电力运行部门的广泛好评，复合绝缘子进入全面实用化阶段。它不仅在运行线路和变电站母线吊串调爬中得到广泛应用，而且在新建、扩建的线路和变电站大量使用。据不完全统计，至 1998 年年底，复合绝缘子上网运行已近 50 万支。国家颁发了 JB/T 8460—1996《高压线路用棒形悬式复合绝缘子尺寸与特性》行业标准；国调中心也下发了文件《合成绝缘子使用指导性意见》和《入网合成绝缘子质量保证必备条件》。为规范复合绝缘子生产、适应电力系统大规模使用打下了良好基础。在这个阶段，复合绝缘子的生产设备、技术和工艺等都得到了迅速改进和完善，先进的生产设备、测试仪器被采用，芯棒与护套界面由挤包向整体模压和整体注射发展，端部密封由采用常温硫化硅橡胶向采用加密封圈、高温整体注射密封发展，端部金具压接工艺、直流线路用复合绝缘子等相继被开发出来。目前我国复合绝缘子生产制造水平已经达到国际领先水平。

实际运行效果表明，使用复合绝缘子是解决我国污秽地区输电线路外绝缘污闪最为有效的方法之一，不仅有效遏制了大面积污闪事故的发生，也大大减轻了繁重的污秽清扫及零值检测等运行维护工作量。

二、复合绝缘子性能特点

与传统的瓷绝缘子和玻璃绝缘子相比较，复合绝缘子有着明显的优点，主要表现在以下几个方面。

（1）强度高，质量小。复合绝缘子强度很高，其高力学性能源于复合材料芯棒优异的力学性能，目前采用的拉挤棒的拉伸强度为 80～120MPa，而钢化玻璃及瓷的拉伸强度仅为 90MPa、40MPa，相同电压等级下，复合绝缘子的质量仅为瓷绝缘子的 1/10～1/7。并且，在 110kV 以上电压等级，特别是高强度、大吨位情况下，复合绝缘子有明显的价格优势。如考虑到安装运行维护费用并进一步针对复合绝缘子优化杆塔设计，这种优势将更为突出。

（2）湿闪污闪电压高。有机复合材料低能表面的高憎水性是复合绝缘子优异耐湿性能的主要原因。在大雾、小雨、露、融雪、融冰等恶劣气象条件下，复合绝缘子表面形成分离的水珠而不是连续的水膜，污层电导很低，因此泄漏电流较小，不易发生强烈的局部电弧，局部电弧也难以进一步发展导致外绝缘闪络。运行一段时间复合绝缘子表面积污后，憎水性可以迁移到污层表面的特性为硅橡胶材料所独有，在相同污秽度下，其污闪电压可以达到相同泄漏距离瓷绝缘子的两倍以上。普通棒形悬式复合绝缘子的等效直径远小于普通绝缘子及支柱绝缘子，也是其耐污性优异的重要原因。在不利的条件下，憎水性可能因电气、环境等因素的影响而下降或完全丧失，但其等效直径不会变大，所以污闪电压仍将保持较高的水平。

（3）运行维修简便。有机外绝缘优异的耐污性能提高了电力系统运行的可靠性，在污秽地区无需像瓷绝缘子及玻璃绝缘子一样定期清扫，也不存在普通悬式瓷绝缘子零值检测问题，大大降低了污秽地区绝缘子运行维护费用。

（4）不易破碎。复合绝缘子耐冲击能力强，大大减少了安装、运输过程中造成的意外破损，并能有效避免人为因素的破坏。

随着复合绝缘子的广泛使用，一些缺点也不可避免地逐渐显露了出来。国外就复合绝缘子的诊断检测技术进行了许多研究和试验，如局部放电法、泄漏电流法、加热法、红外线温度自记仪、夜视设备、声波探测及 X 射线检测等，但目前还没有一种行之有效的检测技术可以真正诊断所有类型复合绝缘子的缺陷。有机复合绝缘子是由高分子聚合物挤压而成的，其耐受电弧、耐高温和抗老化等性能虽然能达到标准，但一般来说，有机材料的老化速度比陶瓷、玻璃等无机材料要快。复合绝缘子外表面长年受能量为 $300\sim412kJ/mol$ 的紫外光照射（很接近硅橡胶分子中离解能为 $413kJ/mol$ 的硅碳侧键的数值），会产生小分子聚合物，并在短时间内挥发进入硅橡胶表面污层，使污层获得憎水性，但同时导致硅橡胶材料的憎水性发生破坏。图 1-2 为硅橡胶绝缘子憎水性遭破坏，有积水现象的情况。

图 1-2　复合绝缘子憎水性破坏表面积水

三、复合绝缘子应用情况

目前，110kV 和 220kV 线路已全面使用复合绝缘子，500kV 线路悬垂已经大面积使用复合绝缘子，特高压交直流线路悬垂也广泛使用复合绝缘子。特高压直流线路耐张串也试点应用复合绝缘子，复合绝缘子使用率越来越高。

以河南电网为例：河南电网自 1989 年开始复合绝缘子试点运行并逐渐推广，河南大范围使用和推广复合绝缘子开始于 2000 年左右，2006 年前后力度最大。截至 2015 年年底，河南省输电线路已安装复合绝缘子 418196 串（110kV 及以上线路），其中：

（1）1000kV 等级线路长度 342.8km，绝缘子总串数为 5341 串，使用复合绝缘子 4300 串，复合绝缘子占总串数的 80.51%。

（2）±800kV 等级线路长度 147.78km，绝缘子总串数为 2424 串，使用复合绝缘子 1636 串，复合绝缘子占总串数的 67.49%。

（3）500kV 等级线路长度 6991.7km，绝缘子总串数为 96433 串，使用复合绝缘子 73189 串，复合绝缘子占总串数的 75.90%。

（4）330kV 等级线路长度 140.29km，绝缘子总串数为 2736 串，使用复合绝缘子 1422 串，复合绝缘子占总串数的 51.97%。

（5）220kV 等级线路长度 15870.2km，绝缘子总串数为 193481 串，使用复合绝缘子 150765 串，复合绝缘子占总串数的 77.92%。

（6）110kV 等级线路长度 19672.2km，绝缘子总串数为 251067 串，使用复合绝缘子 186884 串，复合绝缘子占总串数的 74.44%。

各电压等级线路使用情况如表 1-2 所示。

表 1-2　　　　　　　　　　　　各电压等级线路使用情况

电压等级（kV）	线路长度（km）	绝缘子总串数	复合绝缘子串数	复合绝缘子使用率（%）
1000	342.8	5341	4300	80.51
±800	147.78	2424	1636	67.49
500	6991.7	96433	73189	75.90
330	140.29	2736	1422	51.97
220	15870.2	193481	150765	77.92
110	19672.2	251067	186884	74.44

以特高压线路为例：通过对国网范围内特高压线路绝缘子的使用情况进行较为全面地收集与分析，统计了全国 14 个省市的 420kN 以上大吨位绝缘子挂网情况，具体包括河南、湖南、甘肃、浙江、湖北、河北、江西、江苏、宁夏、山东、上海、天津、新疆、重庆等。这些省份均有长期的特高压线路运维的历史和经验，各自运维特高压交直流线路的具体情况如表 1-3 所示。

表 1-3　　　　　　　　　　　　各省市运维特高压线路情况

省/市	1000kV		±800kV	
	条数（条）/全长（km）	杆塔数	条数（条）/全长（km）	杆塔数
河南	2/342.8	698	2/709.5	1378
湖南	—	—	3/1386.814	2948
甘肃	—	—	1/1350.73	2644
浙江	10/1347.47	1704	4/534.33	1027
湖北	1/180.289	357	2/981.476	1968

省/市	1000kV		±800kV	
	条数（条）/全长（km）	杆塔数	条数（条）/全长（km）	杆塔数
河北	5/656.99	944	—	—
江西	—	—	1/449.8	909
江苏	8/382.79	375	2/65.149	144
宁夏	—	—	2/194.375	357
山东	2/155.498	155	—	—
上海	4/147.336	188	1/106.14	264
天津	8/578.650	1128	—	—
新疆	—	—	1/165.632	327
重庆	—	—	2/575	1114

统计之后得到，这 14 个省/市/自治区所运维的特高压交流 1000kV 线路全长 3791.823km，±800kV 线路全长 6518.946km。在特高压交直流线路上，使用的绝缘子有瓷绝缘子、玻璃绝缘子和复合绝缘子。总体来看，复合绝缘子占特高压线路总串数的 57.02%。

将多个省、市、自治区的复合绝缘子的挂网使用情况进行了统计，如表 1-4 所示。统计了大吨位复合绝缘子耐张串和悬垂串中 420kN 和 550kN 复合绝缘子的挂网数量，且附带了各个绝缘子悬挂的串型，包括四联串、V 形串和 I 形串等，标注在数量之后。

表 1-4　　　　　　　　　　　　大吨位复合绝缘子的挂网情况

省/市	大吨位复合绝缘子			
	耐张串（支）		悬垂串（支）	
	420kN	550kN	420kN	550kN
河南	0	0	200/V	204/V
甘肃	0	0	3156/V	6200/V
浙江	0	96/四联串	3210/V+I	901/V+I
湖南	0	0	4780/V	1726/V
湖北	0	0	3272/V	706/V
河北	0	0	3330/V+I	794/V+I
江西	0	0	1652/V	816/V
江苏	0	192/四联串	6798/V+I	3280/V+I
宁夏	0	0	772/V	388/V
陕西	869	1881	1508	3652
山东	0	0	348/I	0
山西	0	48/六联串	5692/V+I	3541/V+I
上海	0	0	1264/V	672/V
天津	0	0	2484/I	180/I
新疆	0	0	80/V	920/V
安徽	0	48/四联串	9042/V+I	3336/V+I
福建	0	0	498	212
蒙东	0	0	8760/V	1782/V
四川	0	0	3228/V	1200/V
重庆	0	0	1204/V	924/V

根据表 1-4 计算得到，耐张串大吨位复合绝缘子 420kN 仅在陕西省挂网了 869 支，550kN 总计挂网数量为 2265 支；悬垂串中 420kN 总计挂网数量为 61278 支，550kN 总计挂网数量为 31434 支。大吨位复合绝缘子挂网情况如图 1-3 所示，其中横坐标表示悬挂类型，纵坐标表示各类型绝缘子数量（单位为串/支）。

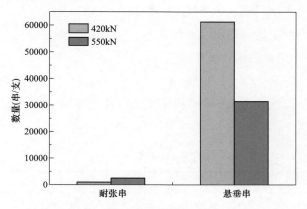

图 1-3　大吨位复合绝缘子的挂网情况

结合表 1-4 和图 1-3 可以得到，目前特高压线路上大吨位复合绝缘子的使用以悬垂串为主，并且悬垂串中 420kN 的挂网数量约为 550kN 的 2 倍。目前大吨位复合绝缘子选择的串型有 V 形串和 I 形串两种，其中 V 形串的数量要显著多于 I 形串。

第三节　RTV 防污闪涂料应用情况概述

一、RTV 防污闪涂料发展历程

室温硫化硅橡胶（room temperature vulcanized silicone rubber）简称 RTV 防污闪涂料，从 2000 年至今以其长效、免维护等突出特点作为一种新技术、新材料在国内得到快速发展和广泛应用。

在我国，1985 年清华大学率先对 RTV 进行研究，自 1986 年挂网试运行以来，均取得了满意的效果，目前我国华北、西北、东北等地已大面积应用，并形成从北到南的推广趋势。RTV 涂刷在绝缘子表面后，在正常的环境温度下固化为一层橡胶膜，并与绝缘子表面牢固连接。它不但具有与硅油硅脂一样的憎水性，而且独具很强的长周期憎水性、迁移性，交联硅橡胶中有游离的小分子聚合物，运动的小分子聚合物会逐渐迁移到污秽层的表面，使得污秽层也具有憎水性能。由于绝缘子表面的污秽是逐渐形成的，而 RTV 的憎水迁移时间不大于 2h，憎水性可以及时迁移到污层表面，因此在潮湿气候条件下，凝结在绝缘子表面的水分很难成片连续浸润，从而使绝缘子耐污性能大大提高。实践证明，RTV 涂料具有较好的防污闪性能，现已广泛应用于各输电线路、变电站的瓷绝缘子和玻璃绝缘子上。但是其涂料本身的材质较软，易沾染污秽物，且难以清洗，随着时间的延长，表面污秽层增厚，使得 RTV 涂料的小分子迁移速率下降，涂料防污闪性能也相应下降，涂料成本较高等问题有待研究和解决。

在我国 RTV 涂料经历了多组分、双组分、单组分的发展过程，经多年挂网运行，单组分 RTV 长效防污闪涂料、单组分 PRTV 超长效防污闪涂料，产品质量优异，在全国十几个省市得到了应用，有近十年的成功运行经验，得到了广大工程技术人员和工人同志的欢迎和赞扬，为电力系统安全稳定运行做出了贡献。

DL/T 627《绝缘子用常温固化硅橡胶防污闪涂料》是针对 RTV 涂料的标准，自 DL/T 627—1997 发布以来，经历了 DL/T 627—2004、DL/T 627—2012、DL/T 627—2018 几次修订，从标准的变化就可以反映出 RTV 涂料发展的迅速，指标要求更高，性能测试范围也更广，各版本对比详见表 1-5。

表 1-5　　　　　　　　　　DL/T 627 各版本对比

项目	技术指标	2012 年	2004 年	1997 年
涂料	外观	色泽均匀的黏稠性液体，无明显机械杂质和絮状物	色泽均匀的黏稠性液体，无明显机械杂质和絮状物	无明显机械杂质、絮状物和沉淀物
	固体含量	不小于 50%	不小于 50%	22%
	有效期			室温下储存单组分不少于 6 个月，多组分不少于 12 个月
	黏度	在 25℃下，涂料黏度不小于 80s（涂-4 黏度计）		15～60s（按涂-4 黏度计）
	憎水性	满足 DL/T 864 附录 A 的要求	满足 DL/T 864 附录 A 的要求	优良的憎水性和憎水迁移性
	体积电阻率	不小于 $1.0×10^{12}Ω·m$	不小于 $1.0×10^{14}Ω·m$	不小于 $1.0×10^{14}Ω·m$
	相对介电常数 ε_r	不大于 4.0	不大于 3.0	不大于 3.0
	介质损失角正切值 $\tan\delta$	不大于 0.4%	不大于 0.3%	不大于 0.3%
	介电强度 E	不小于 18kV/mm（试样厚度 1mm±0.2mm）	不小于 18kV/mm	不小于 15MV/m
	耐电弧性 t			不小于 180s
	耐漏电起痕及电蚀损	RTV-Ⅰ型不小于 TMA2.5 级，RTV-Ⅱ型不小于 TMA4.5 级	不小于 TMA2.5 级	大于 TMA2.5 级
	与玻璃板或瓷板的附着力	划圈法检测不小于 2 级	划圈法检测不低于 2 级	划圈法检测不低于 2 级
		剪切强度法：RTV-Ⅰ型不小于 0.8MPa，RTV-Ⅱ型不小于 3.0MPa	剪切强度不小于 0.8MPa	
	抗撕裂强度	RTV-Ⅰ型不小于 3.0kN/m，RTV-Ⅱ型不小于 9.0kN/m	不小于 3kN/m	
	机械扯断强度	RTV-Ⅰ型不小于 1.2MPa，RTV-Ⅱ型不小于 4.0MPa		
	拉断伸长率	RTV-Ⅰ型不小于 150%，RTV-Ⅱ型不小于 250%		

续表

项目	技术指标	2012 年	2004 年	1997 年
涂料	耐磨性	RTV-Ⅰ型不大于 0.3g，RTV-Ⅱ型不大于 0.2g		不大于 0.05g
	可燃性	RTV-Ⅰ型应达到 FV-Ⅰ级，RTV-Ⅱ型应达到 FV-0 级	FV-2 级	
	自洁性	采用薄膜法，其薄膜应不黏附于涂层表面		
	耐化学试剂性	分别在 25℃的酸碱盐试剂（浓度 3%）中浸泡 24h，应无脱落、起皱、起泡、变色等现象	分别在 25℃的酸碱盐试剂（浓度 3%）中浸泡 24h，应无脱落、起皱、起泡、变色等现象	在酸碱盐试剂作用下，应无脱落、起皱、起泡、变色等现象
	耐油性	在 100℃的变压器油中浸泡 24h，应无脱落、起皱、气泡、变色等现象	在 100℃的变压器油中浸泡 24h，应无脱落、起皱、气泡、变色等现象	在变压器油的作用下，应无脱落、起皱、起泡、变色等现象
RTV 涂层	外观	涂层平整、光滑且无气泡	涂层平整、光滑且无气泡	涂层平整、光滑且无气泡
	污耐受性能	相同试验条件下有 RTV 涂层的绝缘子污闪电压 U_1 相对无 RTV 涂层的绝缘子的污闪电压 U_2 之比，采用固体层法时不小于 2.0，采用盐雾法时不小于 1.5	相同试验条件下有 RTV 涂层的绝缘子污闪电压 U_1 相对无 RTV 涂层的绝缘子的盐雾法污闪电压 U_2 之比不小于 1.5	相同试验条件下有 RTV 涂层的绝缘子污闪电压 U_1 相对无 RTV 涂层的绝缘子的盐雾法污闪电压 U_2 之比不小于 1.5
	冲击击穿性能	采用 RTV-Ⅱ型的 160kN 及以上盘形悬式瓷（玻璃）绝缘子的冲击击穿性能应满足 GB/T 20642 的规定		
	5000h 人工加速老化试验	双方协商进行		涂层经 1000h 人工加速老化试验，按 GB/T 1766 综合评级至少为中级
	涂层厚度	按照标准《DL/T 627—2012》中 4.2.5 涂层厚度的内容：一般要求 RTV 涂层厚度不小于 0.3mm。在工厂采用 RTV-Ⅱ型涂覆绝缘子的涂层厚度为 0.4mm±0.1mm。采用切片法测量 RTV 涂层厚度。试验方法见附录 E		
	表干时间	$25 \sim 45min$（25℃±2℃，40%RH~70%RH）	不大于 $25 \sim 45min$（25℃±2℃，40%RH~70%RH）	不大于 30min（室温）
	固化时间	不大于 72h（25℃±2℃，40%RH~70%RH）	不大于 72h（25℃±2℃，40%RH~70%RH）	不大于 7 日（室温）
	工频湿闪络电压		有涂层绝缘子的工频湿闪络电压相对无涂层绝缘子的湿闪络电压不得降低	有涂层绝缘子的干（湿）闪络电压相对无涂层绝缘子的干（湿）闪络电压不得降低
	耐老化性能		户外使用寿命不少于 5 年	户外使用寿命不少于 5 年

注 RTV-Ⅰ型为普通型，RTV-Ⅱ型为加强型。

二、RTV 防污闪涂料性能特点

RTV 是 20 世纪 60 年代问世的有机硅弹性体。硅橡胶具有优良的热稳定性、电绝缘性、耐候性、耐臭氧和透气性、无毒无味的特点。RTV 除具有以上特点外,还存在室温下无须加热、加压即可就地固化的特点,使用极其方便。RTV 作为电力防污闪涂料,以其长效、免维护等突出优点作为一种新技术新材料在电力系统的防污闪领域得到广泛应用,如图 1-4 所示,并取得了显著效果。

图 1-4 涂覆 RTV 绝缘子挂网图

RTV 涂料有良好的憎水性和憎水迁移性,大幅度提高了电力输变电设备外绝缘耐污闪电压,耐污闪电压与未涂涂料瓷绝缘子相比可提高 2 倍以上。RTV 的憎水迁移性是指 RTV 涂层表面积存的亲水性灰尘污秽在一定的时间后呈现憎水性,即 RTV 涂层的憎水性迁移到了污层表面。这时在其表面喷淋水滴后,污层因憎水性而很难浸润,只有不连续的水珠存留在污层表面,这一性能大大提高了电气设备的抗污闪能力。RTV 电力防污闪涂料有良好的电气、物理和化学性能。其击穿电压在 17kV/mm 以上;在 $-40 \sim +80℃$ 间,可长期运行,具有耐温不变性;对瓷绝缘子有良好附着力;常温下喷涂 30min 可以表干,24h 可以固化,长期富有弹性;耐酸碱、耐油腐蚀,不会因之而起泡、起皱、变色和脱落;耐环境老化,涂层在自然条件下不龟裂、粉化、起皮和脱落,户外使用寿命长,防污闪效果显著。质量较好的 RTV 涂料,涂刷成型后可在长时间内免维护。

RTV 防污闪涂料其防污性能表现在两个方面:憎水性及其憎水性的自恢复性、憎水性的迁移性。在绝缘子表面涂覆 RTV 硅橡胶防污闪涂料后,所形成的涂层包覆了整个绝缘子表面,隔绝了瓷瓶和污秽物质的接触。当污秽物质降落到绝缘子表面时,首先接触到的是 RTV 硅橡胶防污闪涂料的涂层,绝缘子的表面性能表现为涂层的性能。当 RTV 硅橡胶表面积累污秽后,RTV 硅橡胶内游离态憎水物质逐渐向污秽表面扩展。从而使污秽层也具有憎水性,而不被雨水或潮雾中的水分所润湿。因此该污秽物质不被离子化,从而能有效地抑制泄漏电流，极大地提高绝缘子的防污闪能力。

RTV 防污闪涂料具有的优点包括：①长效高可靠性；②良好的适应性；③长期少维护和免维护；④施涂工艺要求简单；⑤投入产出效益高。

RTV 防污闪涂料应用技术将电网防污闪专业工作由传统的多维护、短时效、高成本、低可靠性向先进的少维护、长时效、低成本、高可靠性转变，提供了成功的技术途径。RTV 防污闪涂料在我国已有近 30 年成功运行的经验。例如，目前某电力公司在全部的 35kV 及以上架空输线电路上使用了 RTV 涂料，有效防止了曾出现过的污闪事故再次发生。

三、RTV 防污闪涂料应用情况

对于瓷绝缘子和玻璃绝缘子而言，为了提升其防污闪能力和耐污性能，各网省公司会选择性喷涂 RTV 涂料，以某省 RTV 防污闪涂料应用情况为例，该省有 42 座 500kV 及以上变电站和 263 座 220kV 变电站，截至 2018 年已全部进行了喷涂。对统计的 20 个省、市、自治区而言，瓷绝缘子和玻璃绝缘子涂覆 RTV 防污闪涂料情况如表 1-6 所示。

表 1-6　　　　　　　　大吨位瓷绝缘子和玻璃绝缘子涂覆 RTV 情况不完全统计

省/市	瓷已喷涂（片）/未喷涂（片）	玻璃已喷涂（片）/未喷涂（片）	最早喷涂时间
河南	217170/0	104384/0	2010 年 2 月 1 日
甘肃	9356/0	169555/0	2015 年 9 月 1 日
浙江	139090/334782	80430/348148	2014 年 12 月 1 日
湖南	310332/627416	4092/145248	2013 年 3 月 19 日
湖北	245968/131384	35224/147320	2012 年 3 月 1 日
河北	476079/0	243488/0	2016 年 11 月 18 日
江西	0/318	0/284	—
江苏	265079/393556	16388/0	2013 年 10 月 1 日
宁夏	332/0	56380/0	2014 年 9 月 22 日
陕西	—	—	—
山东	55296/0	—	2016 年 5 月 4 日
山西	58668/167112	309752/163278	2014 年 1 月 5 日
上海	0/53760	0/133902	—
天津	257667/0	—	2016 年 3 月 20 日
新疆	436/0	20849/205	2014 年 9 月 26 日
安徽	680096/129880	167462/0	2016 年 4 月 6 日
福建	—	—	—
蒙东	1804/2204	147480/239907	2016 年 10 月 8 日
四川	0/192848	—	—
重庆	18912/282460	0/396	2015 年 2 月 5 日

从表 1-6 中可以看出，各个省市公司的瓷绝缘子和玻璃绝缘子大量已喷涂 RTV 涂料，尤其是对于污秽较为严重的河南、河北、山东、天津等地，所有绝缘子均已喷涂涂料，所有省市公司最早喷涂时间在 2010～2016 年。

第四节 绝缘子应用新技术

一、瓷复合绝缘子

瓷复合绝缘子以瓷为内绝缘件，以高温硫化硅橡胶伞套作为外绝缘，并将瓷件全部包覆。根据瓷件与复合材料的结合形式，瓷复合绝缘子有两种类型：A类，由瓷芯盘、高温硫化橡胶伞套和金属附件构成，如图1-5所示；B类，由盘形悬式瓷绝缘子和高温硫化硅橡胶伞套材料构成，如图1-6所示。瓷复合绝缘子汲取了瓷绝缘子和复合绝缘子的优点，保持了原瓷绝缘子稳定可靠的机械拉伸强度，同时硅橡胶复合外套又使其具备了憎水、抗老化、耐电蚀等一系列优于瓷绝缘子的特点。

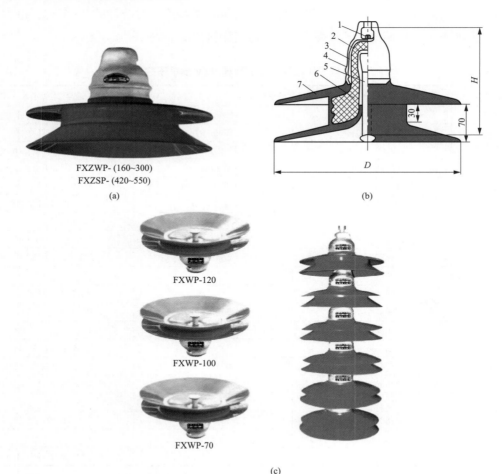

图 1-5 典型 A 类瓷复合绝缘子实物图

（a）实物图（一）；（b）剖视图；（c）实物图（二）

1—锁紧销；2—垫片；3—水泥胶合剂；4—铁帽；5—钢脚；6—瓷件；7—复合外套

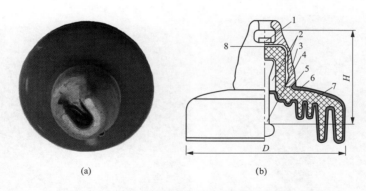

（a）   （b）

图 1-6　典型 B 类瓷复合绝缘子

（a）实物图；（b）结构图

1—锁紧销；2—水泥胶合剂；3—铁帽；4—钢脚；5—封口胶；6—硅橡胶伞套；7—瓷绝缘子；8—垫片

瓷复合绝缘子的优点如下：

（1）稳定可靠的机械性能。A 类绝缘子的端部连接金具（钢脚、钢帽）全部采用盘形悬式瓷绝缘子的结构，芯盘用高强瓷，B 类直接在瓷绝缘子表面包裹硅橡胶复合外套，从而保证了作用于绝缘子上的力矩的承接和传递。

（2）优异的耐污闪性能。如图 1-7 所示，由于硅橡胶复合外套具有良好的憎水性和憎水性的迁移性，因而提高了工频湿闪络电压和抗污闪能力。通过人工污秽闪络电压对比试验，每片瓷复合绝缘子的污秽闪络电压比相同类型规格的瓷绝缘子提高幅度为 70％以上，同时该伞形亦有较好的风雨自洁能力，积污速度慢，人工水冲洗和清扫也极为方便，特别是在粉尘类污秽环境中，愈见其优。该绝缘子容易调整外绝缘爬距，可满足重污区运行线路对绝缘子串爬电距离的要求。

图 1-7　瓷复合绝缘子憎水性效果图

（3）耐冲击能力强。瓷复合绝缘子表面牢固包覆了硅橡胶复合外套，使其具有良好的耐冲击能力。同时由于瓷件不直接暴露在空气中，从而减少了因环境温差骤变或雷击而导致的瓷件击穿或爆裂的频率，从而大大降低了线路维护费用。图 1-8 是瓷复合绝缘子挂网情况图。

（4）质量小，方便运输安装及维护。A 类瓷复合绝缘子质量比同类型的瓷绝缘子减轻了 1/3，从而降低了安装劳动强度和铁塔承重压力，能减缓周期性冲击力对铁塔的破坏。

瓷复合绝缘子在运行时需要考虑的是瓷的劣化问题、复合外套与瓷的连接面的粘接问题，以及如何提高其耐陡波冲击水平。

(a)　　　　　　　　　　　　　　　　　(b)

图 1-8　瓷复合绝缘子挂网情况图

（a）A 类瓷复合绝缘子；（b）B 类瓷复合绝缘子

二、防冰闪绝缘子

防冰闪绝缘子采用大小伞裙间插的方式对绝缘子串进行布置，如图 1-9 所示。研究认为，冰凌在绝缘子串高低压两极间贯通桥接的平均时间对覆冰绝缘子串的泄漏电阻有影响。因此，使用不同直径的绝缘子组合成串的间插方式，可减少绝缘子串覆冰量，增大空气间隙的长度，从而增大覆冰期和融冰期绝缘子串的泄漏电阻。

图 1-9　防冰闪绝缘子

防冰闪绝缘子在覆冰期和融冰期均有较好的防冰闪性能。覆冰期，由于大小伞径的插花设计，覆冰不易形成连续桥接，避免覆冰时绝缘子串冰闪电压大幅下降。除了有效阻止冰凌桥接伞裙外，还使沿有效高度的空气击穿强度大大高于绝缘体与空气界面的击穿强度，从而使爬电距离不易被电弧放电短接。融冰期，每片伞裙边缘下方延伸环状凸起的滴水檐，有效防止绝缘子串外裙边形成连续"水帘"，防止雪（雨）水及污秽充满伞裙底部，使得雪（雨）水、露珠、水滴等更容易沿伞裙表面自由滚落，减少由于水、雾滴等流动不畅造成的绝缘子短路，提高击穿电压。

同时，对于在运线路，相较 V 形布置方式等防冰改造方式，防冰绝缘子可不改变杆塔结构，施工简单方便。

三、防雷绝缘子

线路上防雷击闪络的措施一般是加装避雷器，但存在成本高、部分地区架设难度大，并且运行中与绝缘子相互影响等问题。目前国内研制了一种集防雷与绝缘一体的新型绝缘子，如图 1-10 所示。该新型绝缘子主要由防雷段和绝缘段组成，两端用球头、球窝连接。将环形氧化锌电阻片套接在环氧树脂芯棒上，构成防雷段；中部的绝缘段和普通的复合绝缘子结构相同，在两端均安装有均压环，均压环用螺钉固定并与氧化锌电阻片相连，能显著改善绝缘段的场强分布，提高击穿电压。在防雷段和绝缘段外套装伞裙，其机械特性参照普通复合绝缘子设计要求。整个新型绝缘子为大、小伞形组合结构。实际运行时，在绝缘子的高压电极端装配有均压环。

图 1-10　110kV 一体化防雷绝缘子

新型绝缘子在现有塔头不变、安装方式不变的基础上实现了防雷、绝缘功能的二合一，具有安装简单，成本低廉等优点。

当一体化防雷绝缘子正常运行时，由于氧化锌电阻片的非线性伏安特性，此时绝缘子两端防雷段呈高阻态，氧化锌阀片内仅有极小电流流过，与绝缘段配合起绝缘作用；当雷击输电线路或杆塔时，防雷段呈低阻态，此时雷电过电压会击穿绝缘段两端均压环之间的空气间隙，防雷段的氧化锌阀片动作，雷电流通过避雷段释放，进而对雷电过电压起到限制作用，有效防止了雷击闪络引起输电线路直接对地放电造成线路跳闸现象的发生。

近些年也出现了一种兼具防雷功能的防冰闪复合绝缘子，在芯棒一端套装氧化锌电阻片形成防雷单元，采用加大伞径和伞间距伞裙防止覆冰桥接，实现了防雷、防冰闪的融合。

四、硬质复合绝缘子

复合绝缘子因其良好的电气、机械性能，在输电线路中广泛使用。随着环境条件的日益改善，鸟啄复合绝缘子导致线路故障问题突出。例如，某特高压交流试验示范工程巡检时发现 500 多只复合绝缘子存在被鸟啄食的痕迹。鸟啄复合绝缘子使其端部芯棒大面积暴露，导致端部密封破坏，在雨天、雾天等高湿度气象条件下，暴露的芯棒与受潮的护套界面间易产生局部电弧放电，使芯棒产生电化学反应。如果不及时处理，容易发生脆断的恶性事故。

目前多采取的复合绝缘子抗鸟啄措施，包括改变复合绝缘子的颜色、通过添加具有一定气味的填料使绝缘子散发鸟类不适应的特殊气味、改变绝缘子的伞形结构和均压环设计使鸟类不能站立等，使鸟类远离线路绝缘子，然而效果一般。硬质复合绝缘子，由于其伞裙和护套为硬质材料，可抵御一定强度的鸟类啄食，可有效解决复合绝缘子被鸟啄食的问题。

脂环族环氧硬质复合绝缘子由玻璃纤维环氧树脂引拔棒、脂环族环氧树脂伞裙和金具等三部分组成。

脂环族环氧化合物的化学结构是饱合脂环，不含苯核，具有良好的抗紫外线能力和耐候性能。脂环族环氧化合物固化物交联度高，具有很高的耐温性，可耐热190℃以上，热分解温度360℃以上，适用于户外使用。它同时具有耐电弧性、耐漏电痕迹性等优良电气特性，可用于高压环境中作电气绝缘材料，受到各行业日益广泛重视。相比瓷绝缘子，脂环族环氧化合物绝缘子有如下优点：制造工艺简单、设计灵活性高、绝缘体韧性好、质量较小、抗电弧能力强、抗热冲击能力强、憎水性能好、维护次数少。

图1-11 可踩踏的硬质复合绝缘子

硬质复合绝缘子的特性如下：

（1）强度高且质量小。不同于传统的瓷绝缘子和玻璃绝缘子，脂环族环氧硬质复合绝缘子不仅强度好（如图1-11所示），质量也比较小。这是由于脂环族环氧硬质复合绝缘子中的玻璃钢芯拔棒的性能优异，玻璃钢芯拔棒的拉伸强度可以达到1000MPa以上，但其密度只有$2g/cm^3$。由于脂环族环氧硬质复合绝缘子的整体体积小，且制作材料多为新型材料，保证了其质量仅为同电压等级的瓷绝缘子的$1/9\sim1/6$。

（2）抗湿、污力强。脂环族环氧硬质复合绝缘子的伞套是有机复合材料制成，因此具备良好的耐污效果。脂环族环氧硬质复合绝缘子的伞盘是由憎水性脂环族环氧化合物制成，因此具备很好的憎水性。水会在伞盘的表面形成水珠，并不会渗入绝缘子的内部，造成放电通路。在极端的环境中，脂环族环氧硬质复合绝缘子的憎水性虽然会受到影响而丧失，但其等效直径并不会变粗，如此保证了绝缘子在任何情况下都能够保持较高的抗污能力，不再需要定期进行清洁。

（3）不易破碎、运送方便。脂环族环氧硬质复合绝缘子的芯棒是采用环氧玻璃纤维制作而成，因此具备很高的抗张强度，同时芯棒具有良好的绝缘性、减振性、抗蠕变性和抗疲劳断裂性，这就大大提升了脂环族环氧硬质复合绝缘子不易碎性能，同时憎水性脂环族环氧化合物伞套材料具有很高的机械强度，这些特点都使得脂环族环氧硬质复合绝缘子在运输过程中不容易出现意外损坏情况，降低了运输成本。

五、工厂复合化绝缘子

工厂复合化绝缘子起步于21世纪初，2006年首次提出工厂复合化绝缘子概念，并进行初步研发和小规模应用，如图1-12所示。2015年工厂复合化绝缘子开始应用于特高压直流工程，其中灵州—绍兴、晋北—南京、酒泉—湖南、锡盟—泰州、上海庙—山东工程的线路耐张串已使用工厂复合化盘形绝缘子330万片。国外应用方面，截至2015年年初，已有100

万片工厂预涂覆 RTV 玻璃绝缘子在意大利、美国、秘鲁、卡塔尔、沙特阿拉伯等国家挂网运行。

图 1-12　工厂复合化绝缘子挂网运行图

　　工厂复合化绝缘子以瓷绝缘子或玻璃绝缘子作为其内部"骨架"，提供了可靠稳定的力学性能、优异的耐老化性和持久的运行寿命。复合绝缘子的护套必须确保芯棒与大气环境完全隔离，鸟啄、硅橡胶老化等导致护套密封的微小破损均可能引发内部芯棒的机械、电气故障，因此密封曾经是复合绝缘子发展过程中重点解决的难题。工厂复合化绝缘子的 PRTV 涂层对内部瓷件或玻璃件也具有一定保护作用，即使涂层的破损已导致瓷件或玻璃件与大气环境直接接触，只要不是目视可见的较大面积涂层破坏，则既不影响防污闪功能，亦无严重的机械、电气故障之虞，大幅度降低了密封要求，也减少了鸟啄、踩踏等诸多运行限制。

　　现场施工的 RTV 涂层寿命为 5～10 年，工厂复合化绝缘子的涂层寿命为 20～30 年。而瓷绝缘子或玻璃绝缘子寿命在 50 年以上，存在涂层先于"骨架"老化、失效的问题。硅橡胶伞裙护套老化后的复合绝缘子应整体更换，但 RTV 涂层失效后的瓷绝缘子或玻璃绝缘子则无须整体更换，其中现场施工的涂层失效后可沿袭现有复涂方法以恢复防污闪性能。如果产品按照不低于 d 级污区的爬距配置，即使无憎水性的防污闪裕度也可满足运行要求，可在涂层失效后继续作为普通瓷绝缘子或玻璃绝缘子安全运行。

第二章 瓷绝缘子技术及故障案例

第一节 瓷绝缘子结构及特点

一、瓷绝缘子分类

目前输电线路常用的瓷绝缘子根据结构可以分为盘形悬式瓷绝缘子和长棒形瓷绝缘子。从单个绝缘子元件分析，两种产品的区别在于悬式瓷绝缘子为插入式电极结构，而长棒形瓷绝缘子电极在绝缘体两端，因此前者通过固体绝缘材料的最短击穿距离小于干弧闪络距离的一半，称为可击穿型绝缘子，即 B 型结构方式。后者通过固体绝缘材料的最短击穿距离大于干弧闪络距离的一半，称为不可击穿型绝缘子，即 A 型结构方式。盘形悬式瓷绝缘子按照其使用环境和地区，可以分为普通型和耐污型。其中耐污型产品根据伞形结构分为双层伞耐污型、三层伞耐污型、草帽耐污型和钟罩耐污型四种。

二、瓷绝缘子结构

（一）盘形悬式瓷绝缘子结构

如图 2-1 所示，盘形悬式瓷绝缘子由瓷件、钢帽和钢脚用不低于 525 号硅酸盐水泥、瓷砂或石英胶合剂胶装而成。钢帽及钢脚与胶合剂接触表面薄涂一层缓冲层。钢脚顶部有弹性衬垫。瓷件表面一般上白釉或者褐釉，根据需要也可以上棕釉或蓝灰釉。钢帽、钢脚表面全部热镀锌。球型连接结构的推拉式弹性锁紧销有 W 型和 R 型两种形式，均用铜材制成，弹性及防腐性好，拆装方便。槽型连接的有圆柱销和驼背形开口销两种，前者表面热镀锌，后者用铜材制造。在腐蚀比较严重地区使用的绝缘子，为减轻钢脚近水泥胶合剂附近的腐蚀，可根据要求在钢脚上加上锌环。

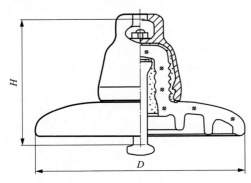

图 2-1 盘形悬式瓷绝缘子结构

（二）长棒形瓷绝缘子结构

长棒形瓷绝缘子是线路中用于悬挂或拉紧式的绝缘子，它由两端部装有外金属附件并带有多层伞裙的实芯瓷绝缘件用铅锑合金浇铸构成。按电压等级和爬电比距要求可以 1～7 支/串，以不同结构串型使用，同时可与盘形悬式绝缘子、复合棒形绝缘子进行互换，产品结构见图 2-2。

图 2-2　长棒形瓷绝缘子结构图

三、瓷绝缘子特点

（一）盘形悬式瓷绝缘子特点

高压线路盘形悬式瓷绝缘子分普通型和耐污型两种。用于高压和超高压输电线路，供悬挂或张紧导线，并使其与塔杆绝缘。悬式绝缘子机电强度高，通过不同的串组就能适用于各种电压等级，适用各种强度需要，使用最为广泛。普通型适用于一般工业区。耐污型与普通型绝缘子相比，具有较大的爬电距离和便于风雨清洗的造型，适用于沿海、冶金粉末、化工污秽以及较严重工业污秽地区。耐污型绝缘子在上述地区使用时，可以缩小杆塔尺寸，具有较大的经济价值。

（二）长棒形瓷绝缘子特点

（1）结构造型简单，尺寸小、质量小。长棒形瓷绝缘子由两端部装有外金属附件并带有多层伞裙的实芯瓷绝缘件用铅锑合金浇铸构成。产品头部结构简单，伞裙间由棒体连接，伞盘直径小，爬电距离大。由于绝缘子单个元件结构高度高，减少了金具用量，减小了产品质量，防污型绝缘子单位串长质量接近盘形绝缘子的1/2。

（2）瓷质化学稳定性强不易老化。瓷属于多相组织材料，其特有的微观结构和反应机理决定了瓷质具有很好的化学稳定性和抗老化性能，在熔烧过程中，坯体内生成大量的刚玉相、莫来石相和玻璃相，形成良好的共熔体材料。铝质瓷有较高的机械强度和韧性，它的密度大（2.7g/cm^3），孔隙率极小，尤其在熔烧过程中坯料中原有的应力完全被释放，在缓慢冷却过程中没有残留应力。坯体表面施一层压缩釉，增加表面预应力和耐腐蚀性能，进一步提高了瓷质抗张应力和抗老化性能。

（3）无须检测零值，运行维护方便。由于长棒形瓷绝缘子为 A 形结构，产品无击穿，没有劣化绝缘子，因此线路无须检测零值。产品根据线路电压等级不同，由 1～7 支/串组成，线路节点少，安装简易，运行维护方便，维护成本低。

（4）自洁性强，防污性能好。我国环境污染严重，电压等级越高污染越明显。在特高压输电中，抗污闪能力已成为选择绝缘子的重要指标。长棒形瓷绝缘子串中钢帽节点少，其对应的位置由瓷伞裙取代，增加了爬电距离，产品爬电比距可在 27.8mm/kV、34.7mm/kV、43.3mm/kV 和 53.7mm/kV 范围选择。产品伞形结构为敞开式的空气动力型，上下表面平滑，伞下无棱，伞表面倾角大，气流无阻碍，尘埃无落点。其自洁性能好，自清洗能力强，积污率低，耐污性能好，且无须清扫。

（5）力学性能稳定。悬式绝缘子是输电线路的关键部件，其电气特性和制造质量决定着线路的可靠程度。长棒形瓷绝缘子是线路中用于悬挂式或拉紧式的绝缘子，产品两端部金属附件对产品的拉应力由铅锑合金均匀地传递到绝缘棒上，钢帽内侧的角度和绝缘棒两端呈倒锥角形状，将拉应力转变成对瓷棒的压应力。而在瓷棒中受到的则是拉伸应力。由产品强度校核计算分析得出，从 100～530kN 级每个强度等级的瓷棒受到的拉应力远小于瓷质拉伸应力（60N/mm²），因此产品很好地满足了输电线路机械拉伸负荷要求。另一方面在这种绝缘子的头部结构中，电极在绝缘体两端，使得绝缘子的机械、电气和热力场被分离，因此无内应力。此外产品采用铝质瓷制造，机电性能高，韧性好，生产经过超声波探伤检验、打击试验、均等弯矩试验和例行试验负荷不低于 80％额定破坏负荷，使有缺陷产品在生产过程中逐一被剔除。

（6）电气性能可靠。长棒形瓷绝缘子结构是伞盘间由瓷体连接，表面泄漏电流低，输电损耗小。产品装有配套的招弧角或均压环，防止了大电弧和闪络电压对产品的损坏，提高了电晕电压和耐电弧水平。

第二节　瓷绝缘子性能试验与评价

随着±500kV 超高压和±800kV 特高压直流输电技术和工程建设要求等级的提高，瓷绝缘子性能得到了进一步改善和提高。瓷绝缘子已在输电线路悬垂塔、耐张塔、过江塔、大跨越、重冰区、污秽区和高海拔地区得到了广泛使用，为电网安全可靠运行发挥更大的作用。但是在运行过程中，瓷绝缘子也会受到污秽、鸟害、冰雪、高湿、温差及空气中有害物质等环境因素的影响；在电气上还要承受强电场、雷电冲击、工频电弧电流等的作用；在机械上要承受长期工作荷载、综合荷载、导线舞动等机械力的作用。因此，入网前和挂网运行后为准确掌握瓷绝缘子的运行现状，客观全面地评价其运行性能，需定期对瓷绝缘子进行抽检试验并评价其运行性能。

一、瓷绝缘子性能试验

瓷绝缘子是超高压、特高压直流输电线路的关键部件，其电气特性和制造质量决定着输电线路的可靠程度和经济合理性。瓷绝缘子的设计是依据我国直流输电线路工程建设需要进行的，符合国家标准 GB/T 19443—2004《标称电压高于 1000V 的架空线路用绝缘子—直流系统用瓷或玻璃绝缘子元件—定义、试验方法和接收准则》，同时满足 GB/T 19443—2017《标称电压高于 1500V 的架空线路用绝缘子 直流系统用瓷或玻璃绝缘子串元件—定义、试验方法及接收准则》的要求，产品的主要结构尺寸和性能可与国外同类产品进行互换。瓷绝缘子试验按照试验性质可以分为型式试验、抽检试验、逐个试验、现场在线检测试验等几类。

（1）型式试验。型式试验用来检验瓷绝缘子的主要特性，试验通常对少量绝缘子进行，且对一种新设计或采用新制造工艺的绝缘子只进行一次。以后，只有在设计或制造工艺改变时才重新实施试验。

（2）抽样试验。抽样试验是为了检验绝缘子随制造工艺和部件材料质量而发生变化的特性。抽样试验用作接收试验，试验用绝缘子应随机从满足逐个试验要求的批中抽取。

（3）逐个试验。逐个试验用来剔除有制造缺陷的绝缘子，在制造过程中对每个绝缘子都要进行逐个试验。

下面对瓷绝缘子的型式试验、抽样试验、逐个试验、现场在线检测试验的相关内容进行详细介绍。

1. 型式试验

瓷绝缘子型式试验项目包括尺寸检查、雷电冲击电压试验、直流干、湿耐受电压试验、机电破坏负荷试验、机械破坏负荷试验、离子迁移试验、空气中冲击击穿试验、热破坏试验、SF$_6$击穿耐受试验、锌套试验、锌环试验、残余机械强度试验、热机性能试验、直流人工污秽耐受电压试验。

2. 抽样试验

（1）试验项目。瓷绝缘子抽样试验项目包括尺寸检查、体积电阻试验、轴向、径向和角度偏移的检查、锁紧装置的检查、温度循环试验、机电破坏负荷试验、机械破坏负荷试验、空气中冲击击穿试验、残余机械强度试验、热震试验、孔隙性试验、锌套试验、锌环试验、镀锌层试验。

试验用绝缘子的抽取规则和程序抽样试验的试品数量采用三种大小的样本，记为 E1、E2、E3。样本的大小按批量在表 2-1 中选取。当绝缘子多于 10000 只时，应将其按表 2-1 分成由 2000～10000 只的批，进行独立评价。

表 2-1 　　　　　　　　　　　　　绝缘子抽样试验样本数量

批量 N	样本大小		
	E1	E2	E3
N≤300	按协议		
300＜N≤2000	4	3	4
2000＜N≤5000	8	4	8
5000＜N≤10000	12	6	12

提交抽样试验的绝缘子应从批中随机抽取，买方有权选择抽样试验用试品。如试品未通过某一项试验，可采用有关的重复试验程序。进行过抽样试验并且可能影响其机械或电气性能的绝缘子不应再在运行中使用。

（2）抽样试验的重复试验程序。如果仅有一只绝缘子或端部装配件抽样试验不合格，应对等于原来经受试验的两倍的新试品进行重复试验。重复试验应包括不合格的试验项目和该项目之前且对原试验结果有影响的试验项目。

如果有两个或更多的绝缘子或端部装配件在抽样试验中任何一项不合格，或在重复试验时发生任何不合格，则认为整批绝缘子不符合标准，应由制造厂收回。

如果能清楚识别不合格的原因，制造厂可以在该批中挑选剔除所有具有这种缺陷的绝缘子。在一批产品被划分为较小批的情况下，如果有一批不合格，这种挑选剔除可以扩大到其他各批。然后，可以将挑选过的各批或部分批重新提交试验。此时抽取试品的数量是第一次试验时抽取数量的 3 倍。重复试验应包括不合格的试验项目和该项目之前且对原试验结果有影响的试验项目。如果有任何一个绝缘子在重复试验时不合格，则认为整批绝缘子不符合标准。

3. 逐个试验

瓷绝缘子逐个试验项目包括逐个外观检查、逐个机械试验、逐个电气试验。

（1）逐个外观检查。绝缘子端部装配件安装应符合制造图样规定。绝缘子的釉色应接近于图样规定的颜色。釉色的某些小变化是允许的，不应作为拒收此绝缘子的理由。这同样适用于因釉色层较薄而釉色较淡的表面，如在小半径的边缘上。

图样上规定的施釉面应覆盖有光滑、发亮且坚硬的釉，釉面不应有裂纹和其他有损于良好运行特性的缺陷。釉面缺陷包括缺釉点、落渣、杂质和针孔等。绝缘子的外观缺陷允许值（它适合于各种绝缘子）规定如下：单个绝缘子的釉面缺陷总面积不应超过（$100+DF/2000$）mm^2，任何单个釉面缺陷的面积不应超过（$50+DF/2000$）mm^2。式中，D、F 分别为绝缘子的最大直径和爬电距离，单位为毫米（mm）。实芯长棒形绝缘子主体上不应有釉面缺陷。伞裙釉面杂质（如伞上钵屑）总面积不应超过 $25mm^2$，单个杂质不应凸出釉面 2mm 以上。杂质堆积物（如沙粒）可作为单个的釉面缺陷，其包容面的面积应计入釉面缺陷总面积之内。

釉面上直径小于 1mm 的极小针孔（如在上釉过程中由于灰尘颗粒造成的）不包括在釉缺陷总面积内。然而，在任何一个 50mm×10mm 的范围内，针孔的数量应不超过 15 个。另外，绝缘子上针孔的总数应不超过：（50＋$DF/1500$）个，式中 D 和 F 分别为绝缘子的最大直径和爬电距离，单位为毫米（mm）。

（2）逐个机械试验。

A 型绝缘子应经受至少 1min 的 80％规定机械破坏负荷的拉升试验。

B 型绝缘子应经受至少 3s 的 50％规定机电（械）破坏负荷的拉伸试验。

试验时，绝缘件破坏或金属端部装配件损坏或分离的绝缘子应予报废。对某些实心瓷绝缘子，逐个机械试验后可以使用超声波探伤检查其内部缺陷。

（3）逐个电气试验。试验施加高频和工频交流电压，电压施加于绝缘子两端部装配件之间。高频试验采用频率为 $100\sim500kHz$ 的适当衰减的交流电压。试验电压应足够高，以便在两个电极之间产生连续的高频火花放电，并连续施加 3s。然后再施加足够高的工频电压至少 2min，并在两个电极之间产生断续的工频火花放电（至少几秒钟一次）。

试验中击穿的绝缘子应剔除报废。除非另有规定，该试验在逐个机械试验后进行，以剔除机械试验中可能损坏的绝缘子。

4. 现场在线检测方法

目前国内外瓷绝缘子现场在线检测的方法大致有以下几种：

（1）电压分布检测：目前很多实验和理论研究已经证明，正常绝缘子串的电压分布为不完全马鞍型，即靠近导线处绝缘子所承受的电压最高，为接地端绝缘子所承受电压的 $1.7\sim3$ 倍，而绝缘子串中间部分所承受的电压最低。当出现不良绝缘子时，绝缘子串上的电压将重新分布，如把实际测得电压分布与正常时绝缘子串上的电压分布作比较，有利于判断不良绝缘子是否存在。目前，国内利用电压分布原理进行绝缘子检测的方法较多，主要有短路叉法、火花间隙法、光电式检测杆法、声脉冲检测法等，但这种方法劳动强度大、安全性差、效率低，容易受电磁干扰的影响，而且对于特高压绝缘子串，由于绝缘子片数较多，即使某片绝缘阻值下降，电压分布变化不大，用本方法较为困难。

（2）绝缘电阻检测：在特高压线路停电检修期间，检修人员将绝缘电阻表带到绝缘子处，使用绝缘电阻表一片一片进行绝缘电阻的测量，这种方法具有高准确性。但是测量任务重，在较短的停电检修期内无法实现大量绝缘电阻的测量。

（3）泄漏电流检测：当绝缘子表面积累了污秽物或绝缘子串中存在不良绝缘子时，泄漏电流将增大，且不良绝缘子阻值降低，使正常绝缘子上分得的电压变大，电晕脉冲电流增大。当绝缘子表面污秽物积累到一定程度或不良绝缘子劣化到一定程度时，在一定的外界环境下就可能造成绝缘子闪络，因而可通过测量泄漏电流的大小变化来对绝缘子进行检测。目前实用的泄漏电流传感器已经很多，测量的准确度比较高。因此，泄漏电流的测取已不存在大问题，但泄漏电流的测取过程中存在着大量的干扰。泄漏电流的大小受周围环境（如温度、湿度、气压、风速等）、是否采取屏蔽措施及绝缘子种类等因素的影响很大。

（4）脉冲电流检测：当绝缘子串中存在不良绝缘子时，由于不良绝缘子绝缘电阻降低，回路阻抗变小或其他绝缘子上分压比正常时大，也引起电晕脉冲电流变大。目前脉冲电流检测中数据处理最常用的方法是"不同指数法"。从杆塔接地线中测得的脉冲电流是三相高压作用于各相绝缘子上共同产生的。因而有的将此电流按三相电压的相位不同，利用电子开关分解为三相脉冲电流，然后对每相脉冲电流进行计数，并取出各相脉冲电流数的最大值和最小值，将最大值与最小值的比值定义为不同指数。正常情况下各相脉冲电流产生的状态大体上是相同的，处于一种平衡状态，因此不平衡指数近于1。当某串绝缘子中出现不良绝缘子时，不平衡状态就被破坏，不同指数就偏离1，因此可以根据不同指数是否偏离1来判断绝缘子的状态。但这种方法的精确度受不良绝缘子的阻值、不良绝缘子在绝缘子串中的位置、绝缘子串的片数及正常绝缘子的电晕起始电压的影响。

（5）红外检测：红外检测是在绝缘子发生绝缘劣化或者表面污秽严重后，会造成运行中绝缘子串的分布电压改变、泄漏电流异常，出现发热或局部发凉迹象。利用红外检测技术对绝缘子进行红外热成像处理，得到绝缘子串的热场分布，对应于绝缘子串的电压分布。由于劣化绝缘子会造成裂纹处温升、内部穿透性泄漏电流和表面爬电泄漏电流加大、发热增加等现象，表面温度较高，根据绝缘子表面温度与相应位置正常绝缘子表面温度的对照，可判定绝缘子的运行状态。付强等人提出一种基于红外图像的绝缘子串钢帽和盘面区域自动提取方法，实验结果表明该方法可以准确地提取绝缘子串钢帽和盘面区域。金立军等人提出了基于红外和可见光图像信息融合的绝缘子污秽等级识别方法。实验结果显示，其提出的图像信息融合提高了绝缘子污秽等级识别准确率，现场测试结果准确，为准确识别现场绝缘子污秽等级提供了新方法。但是当劣化绝缘子的绝缘电阻在 $5\sim10M\Omega$ 之间时，温度变化不明显，难以通过红外热像加以区别，存在检测盲区。且受环境、太阳和背景辐射的干扰，光谱发射率 ε 的选定，对焦情况、气象条件等均会对检测结果造成影响。

（6）紫外检测：当绝缘子表面发生放电时，放电过程中粒子的相互作用会产生光子，在电晕放电阶段，紫外检测法主要通过检测绝缘子放电过程中产生的位于 $240\sim280nm$ 的日盲区的紫外线波段，将其转换为图像，进而与可见光图像融合得到紫外图像，通过得到的紫外图像可以快速、直观地得到绝缘子放电位置。蔡晶等人通过对 750kV 瓷绝缘子进行人工污秽试验的紫外检测结果进行研究，提出了紫外光子数相对波动性及帧光斑面积均值这 2 个评估绝缘子放电严重程度的特征量，发现 2 个特征量均可以有效地评估绝缘子放电严重程度。袁晓辉等人针对目前光子数与仪器的增益设置及观测距离之间存在着较为复杂的非线性关系，难以对放电进行量化分析的不足，提出了一种新的紫外量化参量，采用图像处理的方法提取相关的图像参量表征绝缘子表面的放电过程。

电力设备的外绝缘受到积污影响时，往往同时存在过热和外表面放电现象；多数情况下，外表面存在的强烈放电，导致放电位置因放电能量的持续存在而产生过热点。因此，红外与紫外综合诊断污秽缺陷，能够避免对其他电压制热型缺陷的误判，二者可以相互佐证，快速确定积污区及积污最严重的位置。

综上所述，国内外学者对瓷绝缘子的机电特性和其检测方法开展了大量的研究，通过理论仿真和试验模拟获得了悬式绝缘子各项机电特性指标。但目前罕有针对大吨位悬式瓷绝缘子机电特性的系统研究，无法获得在运大吨位瓷绝缘子的运行性能指标，亟待开展在运大吨位瓷绝缘子机电特性研究工作。

二、线路用瓷绝缘子运行评价

随着瓷绝缘子在 H 省的大范围应用，为了全面评价目前 H 省电网瓷绝缘子的运行状况，H 省组织了一次全面的线路用瓷绝缘子运行评价工作，共抽检涉及±800kV、1000kV 两个电压等级交流和直流 55 吨位盘形悬式瓷绝缘子共 180 支。抽检产品主要是在 H 电网大量应用的A 厂、B 厂、C 厂三个厂家产品，其中 A 厂 36 支，B 厂 120 支，C 厂 24 支，如表 2-2 所示。

表 2-2　　　　　　　　　　交流和直流大吨位盘形悬式瓷绝缘子试品

厂家	绝缘子型号	吨位（kN）	材质	运行年限	样品数量
A	CA-785EX	550	瓷	4	24
	550kN-E275kN	550	瓷	2	12
B	XZSP-550	550	瓷	4	24
	XP-550	550	瓷	3	24
	XZSP1-550	550	瓷	4	72
C	U550BP/240T	550	瓷	2	12
	XZWP2-550	550	瓷	4	12

瓷绝缘子劣化主要表现为绝缘子绝缘电阻变为低值或零值，低、零值瓷绝缘子会降低输电线路的绝缘水平，存在因雷击、污秽等条件下导致绝缘子闪络掉串的隐患，学者们针对瓷绝缘子外观、电气性能和力学性能三个方面开展了大量的研究工作。

1. 外观检查

本次抽样试验的特高压交、直流输电线路大吨位盘形悬式绝缘子通过外观检查，符合标准和产品图样规定，典型照片如图 2-3 所示。

对在运大吨位悬式瓷绝缘子检查发现，绝缘子存在钢帽锈蚀情况，如图 2-4 所示。

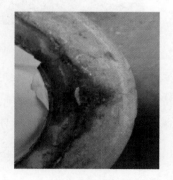

图 2-3　瓷绝缘子外观检查照片　　　　　图 2-4　大吨位瓷绝缘子钢帽锈蚀照片

对钢帽锈蚀的悬式瓷绝缘子进行统计，发现钢帽锈蚀的绝缘子均安装于直线塔。由于特高压直流线路直线塔普遍采用 V 型串悬挂方式，南方湿润、多雨的气候环境导致钢帽下沿与伞裙上表面间的空隙容易被雨水或冷凝水桥接，形成导电通路，由于桥接点水滴宽度较小，经过钢帽与水滴连接点的电流密度较大，电腐蚀较快。钢帽长期锈蚀会影响瓷绝缘子的电气性能和力学性能，给特高压直流线路的安全运行造成隐患。

该批次绝缘子未安锌套，对于已腐蚀的悬式瓷绝缘子，考虑现场施工方便，建议可缠绕 2～3mm 锌丝实现对钢帽锈蚀的保护。

2. 力学性能评价

对瓷绝缘子进行机电破坏负荷试验，考核瓷绝缘子的机电性能。试验时在钢帽和钢脚之间施加逐渐升高的拉伸负荷，直至试品破坏。检查绝缘子是否有破坏、胶合剂开裂或金属附件产生明显的永久变形，以及各部件间明显的位移现象。如果有，则将其剔除，重新进行试验，直至绝缘子不发生破坏为止。

为便于施加电压，采用一片更大吨位的悬式绝缘子与试品串联，高压施加在试品钢帽上，为易于鉴别试品是否已破坏（击穿），串联一个 7～12mm 的火花间隙，而试品与试验机连接的一端接地，机电破坏负荷试验现场图如图 2-5 所示，绝缘子的连接方式如图 2-6 所示。

图 2-5　机电破坏负荷试验现场图　　　　图 2-6　绝缘子连接方式

对待测绝缘子施加 50kV 工频电压，同时在两金属附件上施加拉伸载荷，在整个试验期间保持电压不变。拉伸负荷瓷绝缘子机电破坏瓷件炸裂形式迅速而平稳地从零升到规定机电破坏负荷的 75％，然后以每分钟 35％规定的机电破坏负荷的速度增加，直到试品破坏为止。对试品依次进行试验，试验拉力曲线如图 2-7 所示，典型瓷件炸裂形式如图 2-8 所示。

2016 年的 550kN 瓷绝缘子机电破坏负荷试验结果如图 2-9 所示。

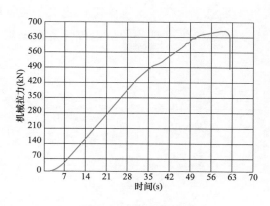

图 2-7 试验拉力曲线

图 2-8 瓷绝缘子机电破坏瓷件炸裂形式

从图 2-9 可以看出，CA-785E 的一致性较好，XZSP-550 瓷绝缘子的机电破坏负荷值存在较大的分散性。另外，XZSP-550 有 1 支试品机电破坏负荷试验低于规定值。机电破坏负荷试验结果使用下式进行判定：

$$\overline{X}_1 \geqslant SFL + C_1\sigma_1 \tag{2-1}$$

式中：$\overline{X}_1$ 为试验结果平均值；SFL 为规定的机电或机械破坏负荷；σ_1 为抽样试验结果的标准偏差；C_1 为判定常数，样本数为 4 时 $C_1=1$，样本数为 8 时 $C_1=1.42$。2016 年 550kN 瓷绝缘子机电破坏负荷试验结果判定如表 2-3 所示。

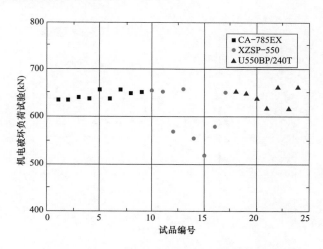

图 2-9 2016 年 550kN 瓷绝缘子机电破坏负荷试验结果

表 2-3 2016 年 550kN 瓷绝缘子机电破坏负荷试验结果判定

厂家	型号	SFL	$\overline{X}_1$	σ_1	结果
A	CA-785EX	550	644.7	10.2	$\overline{X}_1 > SFL + C_1\sigma_1$
B	XZSP-550	550	602.7	55.6	$\overline{X}_1 < SFL + C_1\sigma_1$
C	U550BP/240T	550	640.8	20.0	$\overline{X}_1 > SFL + C_1\sigma_1$

由表 2-3 可知，XZSP-550 的机电破坏负荷不满足要求，存在安全隐患，建议在运行阶段加强监测。CA-785EX 瓷绝缘子和 U550BP/240T 玻璃绝缘子试品的机电破坏负荷满足要求，可以保证继续安全运行。

表 2-4　　　　　　　　　　　　　2016 年瓷绝缘子破坏形式

厂家	绝缘子型号	材质	样品数量（片）	破坏形式	
				钢脚延伸	瓷件损坏
A	CA-785EX	瓷	8	8	0
B	XZSP-550	瓷	8	4	4
C	U550BP/240T	瓷	7	2	5

由表 2-4 所示，破坏形式主要为钢脚延伸和瓷件损坏，瓷件损坏主要由钢帽和瓷件连接部位引起。

2017 年 550kN 瓷绝缘子机电破坏试验结果如图 2-10 所示。

从图 2-10 可以看出，550kN-E275kN、XP-550、XZSP1-550 的一致性较好，XZWP2-550 瓷绝缘子的机电破坏负荷值存在一定的分散性。另外，XZWP2-550 有 1 支试品机电破坏负荷试验低于规定值。机电破坏负荷试验结果使用式（2-1）进行判定。样本数为 4 时 $C_1 = 1$，样本数为 8 时 $C_1 = 1.42$，2017 年 550kN 瓷绝缘子机械破坏负荷试验结果判定如表 2-5 所示。

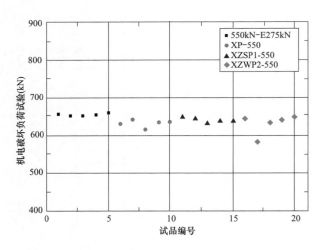

图 2-10　2017 年 550kN 瓷绝缘子机电破坏负荷试验结果

表 2-5　　　　　　　　2017 年 550kN 瓷绝缘子机电破坏负荷试验结果判定

厂家	型号	SFL	$\overline{X}_1$	σ_1	结果
A	550kN-E275kN	550	653.6	3.29	$\overline{X}_1 > SFL + C_1\sigma_1$
B	XP-550	550	630.4	10.14	$\overline{X}_1 > SFL + C_1\sigma_1$
B	XZSP1-550	550	638.4	6.54	$\overline{X}_1 > SFL + C_1\sigma_1$
C	XZWP2-550	550	628.8	26.78	$\overline{X}_1 > SFL + C_1\sigma_1$

由表 2-5 可知，550kN-E275kN、XP-550、XZSP1-550、XZWP2-550 绝缘子试品的机电破坏负荷满足要求，可以保证继续安全运行。

瓷绝缘子进行机电破坏负荷试验后，表现为不同的破坏形式，如表 2-6 所示。

表 2-6   2017 年瓷绝缘子破坏形式

厂家	绝缘子型号	材质	样品数量（片）	破坏形式		
				钢脚延伸	瓷件损坏	击穿
A	550kN-E275kN	瓷	5	5	0	0
B	XP-550	瓷	5	4	0	1
B	XZSP1-550	瓷	5	4	4	0
C	XZWP2-550	瓷	5	4	4	1

破坏形式主要为钢脚延伸和瓷件损坏，主要由钢帽和瓷件连接部位引起。此外，B 厂生产的 XP-550、C 厂生产的 XZWP2-550 还有击穿的现象出现。瓷绝缘子的机电强度主要决定于胶装水泥的性能及金属附件的机械强度，这说明瓷体与钢帽、钢脚的黏结处是瓷绝缘子力学性能的薄弱点。瓷绝缘子的机械强度取决于金属附件的性能及水泥胶装质量。

3. 电气性能评价

雷击是造成特高压交、直流输电线路绝缘子劣化的重要原因之一。因此，绝缘子的冲击过电压耐受能力直接影响绝缘子的性能和使用寿命。

从 A 厂、B 厂、C 厂三个厂家选取了一批运行年限在三年以上的在运大吨位绝缘子作为样品。对这些样品进行冲击击穿耐受试验。表 2-7 和表 2-8 为交流和直流大吨位绝缘子冲击过电压击穿耐受试验抽样情况（包含是否带 RTV 涂料等信息）。由表 2-7 和表 2-8 可知，本次抽样试验所选绝缘子均不带 RTV 涂料。

表 2-7   2017 年交流大吨位绝缘子冲击过电压击穿耐受试验抽样情况

厂家	绝缘子型号	材质	试验数量	运行年限	是否带 RTV 涂料
A	550kN-E275kN	瓷	5	2	否
B	XP-550	瓷	5	3	否

表 2-8   2017 年直流大吨位绝缘子冲击过电压击穿耐受试验抽样情况

厂家	绝缘子型号	材质	试验数量	运行年限	是否带 RTV 涂料
B	XZSP1-550	瓷	5	4	否
C	XZWP2-550	瓷	5	4	否

试验方法：按照 GB/T 19443—2004《标称电压高于 1000V 的架空线路用绝缘子—直流系统用瓷或玻璃绝缘子元件—定义、试验方法和接收准则》标准第四节电气试验的程序要求，以及 Q/GDW 1167—2014《交流系统用盘形悬式复合瓷或玻璃绝缘子元件》标准第七节试验方法的要求，采用幅值法对绝缘子进行冲击过电压耐压试验。

用

分析

图 2-11　2017 年冲击过电压击穿
耐受试验现场图

在进行大吨位悬式绝缘子冲击过电压耐受试验时，在单片绝缘子样品上以 5 次正极性冲击过电压和 5 次负极性冲击过电压为一组，先后施加两组冲击过电压，冲击电压发生器输出两次冲击电压间隔控制为 2min。2017 年冲击过电压击穿耐受试验现场如图 2-11 所示。冲击电压的幅值按标准选取最低限值 2.8p.u.，420kN 绝缘子和 550kN 绝缘子施加电压分别为 378～416kV 和 406～436kV，即 2.8p.u.，波头为 100～200ns，试验所用典型正、负极性陡波波形如图 2-12 所示。所用分压器的分压比为 24914，在计算冲击电压峰值时用示波器 CH1 通道的峰值读数乘以分压比就是冲击电压峰值 U_p；示波器 CH1 通道记录的时间为 $0.3U_p$～$0.6U_p$，将这个记录时间乘以校正系数 1.67 就是冲击电压波形的波头时间。

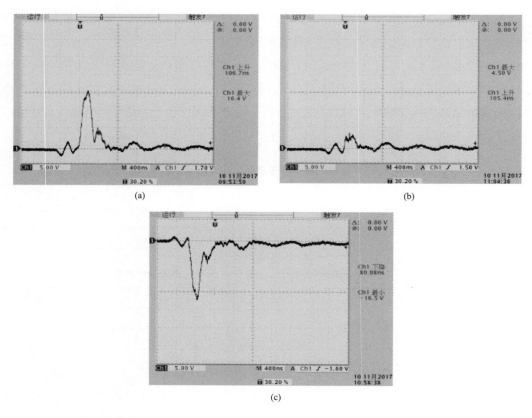

图 2-12　2017 年绝缘子冲击过电压击穿耐受试验典型电压波形
（a）正极性电压波形；（b）绝缘子击穿电压波形；（c）负极性电压波形

32

交流大吨位绝缘子和直流大吨位绝缘子冲击过电压击穿耐受试验结果如表 2-9 和表 2-10 所示。

表 2-9　　　　　2017 年交流大吨位绝缘子冲击过电压击穿耐受试验结果

厂家	绝缘子型号	材质	试验数量	击穿数量	击穿占比（%）
A	550kN-E275kN	瓷	5	0	0
B	XP-550	瓷	5	0	0

表 2-10　　　　　2017 年直流大吨位绝缘子冲击过电压击穿耐受试验结果

厂家	绝缘子型号	材质	试验数量	击穿数量	击穿占比（%）
B	XZSP1-550	瓷	5	0	0
C	XZWP2-550	瓷	5	1	20

如表 2-9 和表 2-10 所示，抽样试验结果显示：①按绝缘子材料来看，瓷绝缘子样品抽样总量为 20，击穿数目为 1，瓷绝缘子样品总的抽样击穿率为 5%。②按绝缘子交直流情况来看，交流绝缘子样品抽样总量为 10，击穿数目为 0，交流大吨位绝缘子样品抽样击穿率为 0%；直流绝缘子样品抽样总量为 10，击穿数目为 1，直流大吨位绝缘子样品抽样击穿率为 10%。③按绝缘子生产厂家来看，A 厂生产的大吨位瓷绝缘子样品总量为 5，击穿数目为 0，抽样击穿率为 0%；B 厂生产的大吨位瓷绝缘子样品总量为 10，击穿数目为 0，抽样击穿率为 0%；C 厂生产的大吨位瓷绝缘子样品总量为 5，击穿数目为 1，抽样击穿率为 20%。

试验结果表明：瓷绝缘子经过一段时间的运行后，部分瓷绝缘子冲击电压耐受能力存在下降趋势。从瓷绝缘子的结构对其原因进行分析：虽然绝缘子瓷件与钢脚、钢帽通过水泥进行粘接，但绝缘子头部与钢帽之间仍存在一定气隙。当对绝缘子施加冲击电压时，钢脚与钢帽之间区域电场分布较为集中。随着电压的升高，当绝缘子头部电场增大至产生电离时，头部气隙内的电子数目迅速增长。由于电压上升沿只有数百纳秒，而材料内的电荷又存在着一定的累积效应，当施加的脉冲电压高于材料中气孔内气体的耐受电压时，便会使气孔内的气体电离成为载流子，继而使气体击穿。在瓷质材料中，存在着一定量的气孔，即存在多个被击穿的小区域，当电压继续升高或存在多次间断升压时，被击穿的区域电场强度较高，而这些区域存在微裂纹、晶界、玻璃相等状态。某些区域随着继续升高的陡度电压或间断施加的电压产生局部击穿，多个小区域的击穿继而导致产品的头部击穿。当气体发生电离时，电离电流将随孔洞尺寸增大而增加。当气孔增大时，造成气体击穿电流增加，易引起气孔的击穿，所以可能部分瓷绝缘子由于含有较大气孔导致容易击穿。

另外，空气湿度较大的运行环境，导致钢帽与瓷体之间胶装水泥的微小缝隙空气间隙受潮，绝缘强度下降，从而容易导致绝缘子在冲击电压下击穿。

第三节　瓷绝缘子典型故障案例分析

瓷绝缘子具有闪络电压高、耐热性好、柔性好、风偏小等优点，一定程度上可以提高输电线路和电力设备的可靠性，已在我国电力系统中得到了广泛使用。随着瓷绝缘子挂网数量的增多、运行年限的增加，产生的故障也越来越多。本节主要对瓷绝缘子典型故障案例进行分析。

一、盘形瓷绝缘子低零值掉串典型案例分析

瓷绝缘子随着运行时间的增长，出现低零值等问题，久而久之导致绝缘子掉串事故，造成电网长时间的供电中断。

架空线路中的绝缘子经过一段时期运行后，随着时间的增长其绝缘性能会下降或丧失机械支撑能力，从而使零值或低值绝缘子不断产生，这种现象称为绝缘子的老化或劣化。绝缘子的劣化与其绝缘体的结构有关，瓷结构不致密、多晶体共存，难免有细微的空隙布满瓷件内，在长期的无规律的导线振动（或舞动）下，由振动导线传递给绝缘子，使瓷件内微孔逐渐渗透而扩展成小裂纹，进而扩大以致开裂。在强电场的作用下极易产生电击穿，最终造成机械强度和绝缘的下降，直至变成零值。如图 2-13 所示，如果线路中有零值则相当于部分绝缘被短路，相应地增加了闪络概率，如果有零值的绝缘子串发生闪络，工频短路电流会通过零值绝缘子内部流过，强大的短路电流产生的热效应往往会造成绝缘子钢帽炸裂或脱开，从而出现绝缘子串断串和导线落地等一系列严重事故。一般只有绝缘子串中有零值绝缘子才会发生断串。

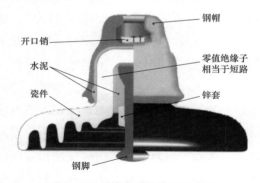

图 2-13　零值瓷质绝缘子示意图

[案例一]

1. 案例概述

某年 2 月 12 日某公司 A 线（220kV）跳闸，双高频保护动作，重合闸动作不成功，选相 B 相，故障测距 17.4km，40 号杆塔 B 相瓷绝缘子炸裂，导线脱落，如图 2-14 所示。绝缘配置：14 片 XWP-7 瓷绝缘子。

2. 天气和环境情况

跳闸发生时，该地区大雾，湿度较大。

3. 线路概况及绝缘配置

A 线 1968 年投运，全长 42.47km，导线型号 2×LGJ-185，绝缘配置为：Ⅲ、Ⅳ类污秽区为复合绝缘子，Ⅰ、Ⅱ类污秽区为 13 片 XWP-7 防污瓷绝缘子。故障杆位所处污区为Ⅱ级污区。故障前一年 4 月下旬停电对重点区域进行了清扫，同年 10 月零值瓷绝缘子测量正常。

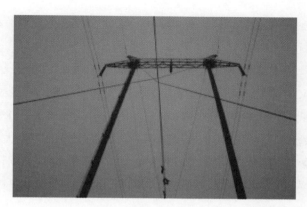

图 2-14　A 线 40 号塔瓷绝缘子掉串后现场图

4．故障原因具体分析

（1）瓷绝缘子瓷件质量差是绝缘子强度下降的原因之一，从掉串的几只绝缘子剖面来看，部分绝缘子钢帽内的缓冲层不太均匀，有的绝缘子缓冲层较薄。绝缘子由瓷件、金属附件、水泥三种材料组成，这三种材料的热膨胀系数不一样，温度变化时材料间易产生较大的热应力，起缓冲作用的缓冲层不均匀或较薄就会促使绝缘子劣化加速。

（2）钢帽材质差是钢帽炸裂的又一原因，悬式绝缘子的机械强度设计是以钢脚破坏强度作为控制点，然而，从运行及掉串的绝缘子来看，并未发现有钢脚破坏的现象。从掉串的绝缘子钢帽破裂口中发现有杂质，说明钢帽材质差是运行中绝缘子钢帽炸裂事故的主要原因。

（3）未能及时检测出运行中零值绝缘子是掉串事故的潜在原因。经统计，大部分低零值绝缘子处于高压端，未能及时检测出运行中零值绝缘子，使绝缘子串中的正常绝缘子承受过高的分布电压，从而加速了绝缘子的电老化。特别是高压端的绝缘子，电流流过低零值绝缘子内部产生高温，高温使绝缘子内所含水分迅速受热汽化或分解成氢气和氧气，产生爆炸力，使一些机械强度较差的钢帽炸裂而出现掉串事故，如图 2-15 所示。

图 2-15　线路 40 号塔瓷绝缘子炸裂的钢帽图片

5．建议与防范措施

（1）考虑到以前的瓷绝缘子大多爬距较小，现有线路中瓷绝缘子未能定期进行零值检测，同时考虑到进行检测可能存在的安全问题，可以对爬距较小的瓷绝缘子进行调爬，调爬后零值检测要定期进行。

（2）复合绝缘子及玻璃绝缘子已在电网中运行很长时间，运行情况良好，这不但节约了人力、物力、财力，又保证了电网安全运行。建议大力推广应用质量良好的复合绝缘子或采用免检测且自爆率较低的钢化玻璃绝缘子及高强度的瓷材料配方的绝缘子。

（3）降低杆塔接地电阻。杆塔接地电阻偏高易造成雷击事故，强大的雷电流的冲击造成瓷绝缘子零值，因此要按规程规定定期对杆塔接地电阻进行测量，特别是对以前测量过的电阻升高较快的或曾经受过雷击的杆塔，对接地电阻不合格的杆塔应及时进行地网改造，特别应赶在雷雨季节来临前完成改造。

（4）加装线路避雷器。由于雷电除了直击杆塔外还可绕击导线，但降低杆塔接地电阻对雷电绕击并不起作用。防止雷电绕击的一项有效措施就是架设避雷线，但避雷线与边导线的保护角已由设计固定，结合运行防雷经验，装设线路避雷器是比较可行的办法。

（5）及时消除瓷绝缘子存在的缺陷。因雷击掉串事故与绝缘子本身存在的缺陷也有密切的联系，如果能及时发现绝缘子存在的缺陷，虽然不能防止雷击的发生，但能够防止掉串事故的出现，不致造成长时间的供电中断。

［案例二］

1. 案例概述

某年7月24日，某110kV变电站FH线跳闸，零序过电流Ⅰ段保护动作，重合不成功，保护测距0.1km，故障相L3相，故障电流58.9A，TA（电流互感器）变比600/5，对侧无信息。

现场检查发现，110kV FH线1号钢管杆大号侧L3相（下）绝缘子串自横担侧起，第2~8片绝缘子伞裙炸裂，除第6片外，伞裙均坠落地面且钢帽出现不同程度烧蚀，横担侧第1片绝缘子有明显放电烧蚀痕迹，如图2-16所示。

(a)   (b)

图 2-16 故障绝缘子现场情况

（a）瓷绝缘子炸裂及放电情况；（b）炸裂后的伞裙

2. 天气和环境情况

线路跳闸时为雨天、微风，故障地点地形为丘陵地形。此外，经查询雷电定位系统，故障区域没有雷电活动信息。

3. 线路概况

110kV FH 线于 2006 年 6 月投运，处于高海拔、高寒地区，冬夏温差较大。线路全长 3.348km，杆塔 18 基，导线型号为 LGJ-150/25，地线为 GJ-35 型钢绞线和光纤复合架空地线（OPGW），绝缘等级为 d 级。发生故障三年前中心城区线路改造时，对 FH 线 1 号塔进行了切改，将角钢塔更换为钢管杆，且更换了绝缘子。

4. 故障原因具体分析

（1）绝缘子产品质量存在问题。由外观检查及金相检测结果可知，故障绝缘子脚帽同轴度较差、胶装水泥致密度不足，存在气孔缺陷，瓷件内部存在黄芯，黄芯部位显微结构较为疏松，反映出该批次绝缘子烧制和装配质量较差。绝缘子生产质量不良，导致在运行过程中绝缘劣化速度过快。质量不佳的绝缘子会随时间的增长绝缘性能下降，变成低值、零值绝缘子。若有零值绝缘子串发生闪络，零值绝缘子内部流过极大的短路电流，产生的热效应引起水泥胶合剂膨胀，会造成钢帽或伞裙炸裂。

（2）事故间接原因为投运前绝缘电阻测试、投运后零值测试等试验项目缺失，导致零值绝缘子长时间存在，未及时更换。关于悬式绝缘子安装时的交接试验，GB 50150—2016《电气装置安装工程 电气设备交接试验标准》、DL/T 626—2015《劣化悬式绝缘子检测规程》均规定应进行绝缘电阻测量。但在查阅相关资料时，无法找到同批次绝缘子安装前绝缘电阻测量报告，怀疑安装前该批次绝缘子并未进行绝缘电阻测量，可能导致劣化绝缘子"带病"投入运行。FH 线 1 号塔从切改至故障发生期间，未对更换后的瓷绝缘子进行零值检测，导致绝缘子串中存在零值绝缘子的隐患未被及时发现。试验项目的缺失为事故的间接原因。

5. 建议与防范措施

（1）严格规范绝缘子出厂监造流程，提高产品出厂质量；加强绝缘子施工安装、验收工作，避免劣化绝缘子投入运行。

（2）按规程要求进行零值检测，及时更换低值、零值绝缘子。必要时更换为钢化玻璃绝缘子。玻璃绝缘子具有零值自破、免于测零、不易老化等优点。同时需要加强清扫工作，避免污闪事故发生。

［案例三］

1. 案例概述

某年 1 月 26 日，某 220kV 输电线路 B 相故障，跳三相（重合闸停用），故障后巡视发现该线路 92 号塔 B 相（中相）双跳线串中的一串掉落，另一串未掉落（相同厂家、型号、批次），如图 2-17 所示。

(a) (b)

图 2-17 故障现场图片

(a) 绝缘子掉串；(b) 瓷件炸裂

根据故障杆塔中相吊串挂点放电痕迹与故障录波图判断，绝缘子掉串前导线对横担绝缘子挂点处发生了放电，导致跳闸。检查发现绝缘子金具连接正常，排除金具故障导致掉串的原因。收集故障串的残余瓷件和金具，发现大部分瓷件本体炸裂严重，钢帽均没有开裂。对故障串残余绝缘子进行外观检查，发现多片绝缘子钢帽内部、钢脚与瓷件连接处放电痕迹明显，钢帽内部基本没有瓷件，仅存在残存水泥。

2. 天气和环境情况

故障时段天气情况为晴天，气温在 4～14℃，西南风，风力 1～2 级，故障杆塔周围环境为平原草地。

3. 线路概况

故障串绝缘子型号为 U70BP 双伞型防污瓷绝缘子，单串 15 片。

4. 故障原因具体分析

（1）该线路杆塔地处偏僻，为轻度污秽地区，故障时段天气晴好，未出现落雷情况，检查故障绝缘子残余瓷件表面，未发现污闪痕迹，可排除污秽、雷击、覆冰等外部因素导致的绝缘子故障，初步推断本次故障是由于绝缘子本身存在问题，导致多片绝缘子劣化，内部绝缘遭受破坏后短路放电。

（2）对该杆塔另一跳线串取样 7 片进行试验分析。通过温度循环试验、工频击穿耐受试验、机电破坏负荷试验、孔隙性试验，得出结论：该批次绝缘子瓷件本体和水泥胶装质量存在问题，机电性能差。故障串绝缘子在长期承受机电负荷、冷热变化、日晒雨淋的条件下，多片绝缘子内部发生劣化，出现零值或低值，最终导致内部绝缘被击穿，短路放电造成瓷件炸裂。

5. 建议与防范措施

（1）本次瓷绝缘子炸裂故障的主要原因是绝缘子本身质量问题，电瓷的生产工艺、水泥胶装质量是导致瓷绝缘子劣化的重要因素。

（2）该批次瓷绝缘子存在质量问题，建议对该批次绝缘子逐步进行更换。同时，加强瓷绝缘子的入网检测，禁止使用不合格的产品，瓷绝缘子安装前应逐个测量绝缘电阻，不满足DL/T 626—2015《劣化悬式绝缘子检测规程》标准要求的禁止使用。

（3）运行中的瓷绝缘子长期处于机械、电气和外部恶劣环境的作用下会逐渐发生老化，建议线路运维单位使用火花间隙法或红外成像法，按期开展瓷绝缘子测零工作，及时更换零值、低值绝缘子，以避免绝缘子劣化后导致的炸裂掉串故障。

二、长棒形瓷绝缘子零值掉串案例分析

1. 案例概述

某年 2 月 13 日，某 500kV 线路 A 相（双回路垂直排序中相）故障跳闸，重合闸不成功跳三相，故障点保护测距第一套 55.7km，第二套 54.95km。随后强送电不成功，第一套保护测距 46.7km，第二套保护测距 47.09km。故障录波器测距 46.637km。

检修公司运维人员赶到现场，按照分工立即开展故障查找工作；运维人员发现 144 号塔中相（A 相）绝缘子断串、导线跌落，运维人员立即汇报并采取防范措施（防止行人接近线路）；同时继续扩大故障查找范围，锁定故障跳闸及受损设备范围，即该 500kV 绝缘子断裂破损 1 支［144 号塔 A 相（中相）绝缘子断裂］、连接金具断裂 1 处（144 号塔 A 相横担处球头挂环断裂）、导线间隔棒损坏 2 只（144 号塔 A 相悬垂线夹大小号侧第一个间隔棒损坏）、导线放电点 2 处。现场长棒形瓷绝缘子断裂照片如图 2-18 所示。

图 2-18　某 500kV 线路长棒形瓷绝缘子断裂图

2. 天气和环境情况

当年 1 月 24 日至 29 日，全省出现大范围持续雨雪冰冻天气，当地也出现近几十年来的极端天气，雨夹雪转大雪并伴有 4～6 级风，线路故障区段位于平原农田，周围无遮挡，线

路整体走向由西北往东南，当地风向多为东北、西南，长时间受侧向风影响；在 2 月 13 日故障当天，当地有 5～7 级西南风。

3. 线路概况及绝缘配置

导线型号为 4×JL1/LHA1-465/210。地线型号：右侧地线采用 JLB40-150 铝包钢绞线，直接接地和绝缘接地；左侧为 OPGW-36B1-155 光缆，为直接接地。500kV E 线与故障线全线同塔双回架设，其中故障线位于面向杆塔大号的左侧，导线排列为垂直形式，故障杆塔面向大号方向相位排序从上至下依次为 CAB，故障杆塔采用长棒瓷绝缘子（型号为L210B1525-3），设计条件最大风速为 27m/s，最大覆冰 10mm。故障杆塔周围为平原，地势开阔无遮挡，位于 0 级舞动区。

4. 跳闸原因分析

受 1 月 24 日至 29 日大范围极端雨雪冰冻天气影响，该 500kV 144 号中相棒形瓷绝缘子横担处球头可能产生隐形损伤。2 月 12 日～13 日，导线在风激励下产生交变荷载，绝缘子挂点球头隐形损伤加剧恶化，进而发生断裂、掉串，导线跌落过程中对地放电导致跳闸。

5. 建议与防范措施

（1）为了提高线路设计的本质安全水平，线路设计阶段应该考虑微地形、微气象等极端天气条件。本案例线路位于平原开阔地带，防舞等级按 0 级舞动区设计，导致线路对微气象等极端恶劣天气的能力不足，而 2018 年 1 月发生历史罕见的雨雪冰冻天气，对部分线路设备可能造成了隐形损伤。

（2）提高长棒形瓷绝缘子防冰、防舞效果。回顾此次大面积冰灾先后造成 4 条线路断串掉线故障，其中 3 次均为长棒形瓷绝缘子。由于长棒形瓷绝缘子整体结构为三段，线路荷载发生交变时主要应力会集中在挂点释放，不像传统的瓷绝缘子和玻璃绝缘子球头和碗头连接点较多（正常为 30 处左右），线路荷载发生交变时可通过绝缘子串均有分布释放。

（3）针对雨雪冰冻对电网造成的隐形隐患排查手段不足。针对本轮次省内大面积罕见雨雪冰冻灾害天气，省电网公司印发了后续的排查措施，充分发挥直升机（13 条线路/1783km）、无人机（6 条线路/563km）、人员登塔检查（7 条线路/126km）等手段开展灾后排查。

三、盘形瓷绝缘子污闪故障案例分析

［案例一］

1. 案例概述

某年 2 月 9 日受雨雪天气影响，从 2 月 9 日 16 时 56 分至 22 时 55 分 I 甲线跳闸 5 次故障相分别为 B、C、A、C、B 相，故障测距基本相同，重合闸动作成功。II 甲线双光纤主保护动作跳闸共 3 次，故障相分别为 C、B、A 相，故障测距同 I 甲线，重合闸动作成功。23 时 20 分中调下令 I、II 甲线停运备用。

经过线路巡视，发现Ⅰ、Ⅱ甲线 31 号大号侧瓷绝缘子除 1 串瓷绝缘子外其余 11 串均有放电痕迹。随后安排检修人员进行登杆检查和清扫，并对Ⅰ、Ⅱ甲线全线进行登杆检查，其他杆塔未发现有放电痕迹，如图 2-19 所示。

(a)   (b)

图 2-19　Ⅰ、Ⅱ甲线 31 号故障图片

（a）Ⅰ、Ⅱ甲线 31 号；（b）瓷绝缘子串放电痕迹

2. 天气和环境情况

当年 2 月 9 日受雨雪天气影响，本省出现雨夹雪天气，故障区域小到中雪，有雾，空气湿度大（大于 95%），风力 3~5 级。根据故障巡视情况和现场调查，绝缘子和塔身上均出现不同程度覆雪，但未发现舞动情况。

3. 线路概况

Ⅰ、Ⅱ甲线途经一个比较大的污染区，该区域聚集数百家净水剂厂、耐火材料等厂矿，其污染程度基本相似——碳粉尘和酸性物质，且是持续的，故自从线路投运之日起，市公司生技部即开始安排该污染区域的各项检测、检查工作的开展。在Ⅰ、Ⅱ甲线附近的Ⅱ乙线上合理设置盐密、灰密测试点，对该区域进行持续的监测。

4. 故障原因具体分析

（1）故障点位于重污区，长期无降雨导致积污。因Ⅰ、Ⅱ甲线 31 号位于重污染区，污区等级为 e 级（最严重级别）。Ⅰ、Ⅱ甲线附近有多家净化剂厂、耐火材料等厂矿，污染物质主要以碳粉尘和酸性物质为主，造成瓷绝缘子上附着酸性的导电物质，遇到冰雪后溶解，形成导电通道，造成闪络。该地区自上年 9 月 26 日以来的 135 天无有效降雨，瓷绝缘子的自洁功能未能发挥。9 日当地的降雪量较大，当时的风向是西北风（线路走向为西南至东北），大号侧的碗头面为迎雪面，雪不易脱落，小号侧的球头面为迎雪面，雪易脱落，这样便造成大号侧瓷绝缘子的上表面积聚的冰雪较小号侧多，导致了瓷质绝缘子闪络，这也是大号侧瓷绝缘子闪络的原因。

（2）耐张串绝缘配置不满足防污等级要求。Ⅰ、Ⅱ甲线 31 号耐张塔，采用加大绝缘等级的方法，采用双串 14 片 XWP-10 瓷绝缘子。根据本省规定：220kV 及以下的耐张绝缘子串应采用双串复合绝缘子，目前绝缘配置不满足省网的防污技术规范要求。国家电网公司企业标准 Q/GDW 152—2006《电力系统污区分级与外绝缘选择标准》规定：220kV 绝缘子串选择，处于 c 级及以下可以选用 14 片 XWP-10 瓷绝缘子，d、e 级污区应采用复合绝缘子或喷涂防污闪涂料。目前的绝缘配置也不满足国家电网公司防污技术规范要求。

由于耐张绝缘子相对悬垂绝缘子自洁能力强，以往很少发生耐张绝缘子污闪故障，本次故障需要对耐张绝缘子的防污闪进行思考。目前本省 220kV 线路耐张绝缘子串使用复合绝缘子的不足 20%，对重污区必须加强防污闪改造的力度。

（3）瓷绝缘子清扫不及时。本省规定，对于不满足外绝缘配置标准要求的 110～500kV 输变电设备，原则上需每年清扫一次。线路和变电站都必须坚持规定的清扫制度，确保清扫质量，不得随意延长清扫周期。为取得最好清扫效果，应在雾季到来前完成。

目前同业对标和可靠性考核等方面的要求，进行全面彻底的停电清扫可能性不大。虽然在当年的第一次技术监督点评中专门提出了防范长期无降雨，需加强清扫避免污闪，从目前来看清扫效果并不理想。

5. 建议与防范措施

（1）对重污区的耐张绝缘子串应采用双串复合绝缘子。目前同业对标和可靠性考核等方面的要求，进行全面彻底的停电清扫可能性不大，建议对污染严重地区的耐张绝缘子串采用复合绝缘子。国网公司提出防污闪绝缘设计应"配置到位、留有裕度"，这是对防污闪工作基本思路的重大调整。按照国家电网公司企业标准 Q/GDW 152—2006《电力系统污区分级与外绝缘选择标准》规定，对不符合规定的，尽快将瓷串更换为复合绝缘子，耐张串更换为复合绝缘子或喷涂防污闪涂料，提高线路的防污闪能力，这样才能彻底解决线路防污闪问题。

（2）复合绝缘子在耐张串使用的注意事项。由于耐张串瓷绝缘子长度与更换的复合绝缘子标准长度不同，建议更换前测量耐张串瓷绝缘子长度，要求更换的复合绝缘子长度应与瓷绝缘子长度相同，避免引起弧垂降低。在选用复合绝缘子时，应该优先选用拉挤工艺生产的耐酸高温玻璃纤维芯棒。

［案例二］

1. 案例概述

某年 1 月 2 日至 3 日，某 110kV 线路连续发生污闪跳闸 5 次。经检查发现，54 号耐张杆 U 相内侧右边双串每片瓷绝缘子均有明显闪络痕迹，V 相内侧一串靠导线 3 片和靠横担 1 片瓷绝缘子有轻微闪络痕迹，接地引线连接并沟线夹处电杆（距地面 0.5m）有明显放电痕迹，杆上（每相双串）12 串瓷绝缘子均有明显放电声，而且时有弧光放电现象。

2. 天气和环境情况

前年 12 月 30 日下了一场大雪，而后持续 3 天大雾加霜天气，雾后能见度最低达到十几米。当天市区空气相对湿度为 94％RH，温度为－6.4℃，污闪跳闸的 54 号耐张杆位于市郊麦地里，空气湿度相对更大。

3. 线路概况

某线位于化工污染严重区域，穿过复合肥生产厂、速溶硅酸钠和硅溶胶生产厂、醋酸钠和醋酸锌生产厂（距 54 号耐张杆约 20m），综合性化工污染使瓷绝缘子表面积污秽较重。尤其是污闪跳闸的 54 号耐张杆瓷绝缘子，对非故障瓷绝缘子串测量盐密分别为 0.347、0.368mg/cm²，属于四级污秽区盐密值。

4. 故障原因具体分析

（1）爬电比距偏低。耐张杆瓷绝缘子为双串水平排列，每串由 8 片普通型瓷绝缘子组成，爬电比距为 1.83cm/kV，而四级污秽区要求爬电比距大于 2.78cm/kV，因此 54 号耐张杆瓷绝缘子串爬电比距偏小，容易发生闪络事故。

（2）化工污染严重。发生污闪跳闸前，由于是大雾天气，能见度低，湿度大，风力较小，冬季逆温层效应使空气中污秽物不容易向远处扩散。大雾中夹杂有化肥混合物导电粉尘，而且积污秽严重的瓷绝缘子被大雾包围，使 RTV 防污闪涂料憎水性明显减弱，又由于双串瓷绝缘子比单串瓷绝缘子的污闪电压低 8％，所以很容易发生污闪事故。

（3）对化工综合污染重视不足。国调中心调网〔1997〕130 号文件指出：在短时间内有大量积尘和严重化工污秽条件下选用 RTV 时需特别慎重，在有严重的水泥污秽（如有氯气排放）和短时间有大量积尘地区，对涂料绝缘子的绝缘状况应加强监督。考虑周围化工污秽的影响，该线曾于两年前将直线杆瓷绝缘子串更换为复合绝缘子，对耐张杆双串 8 片普通瓷绝缘子串涂刷了 RTV 防污闪涂料。然而附近污染源发生了变化，前年底投产了复合肥生产厂，产生的化肥混合物粉尘对线路污染加重，3 个化工厂的综合污染使积污秽的瓷绝缘子串盐密度值达到四级污秽区的上限。由于对化工污染的严重性认识不足，导致离化工厂最近（20m 左右）、外绝缘水平相对较低的 54 号耐张杆双串瓷绝缘子发生污闪，而离化工污染源较远、同样外绝缘水平的耐张杆双串瓷绝缘子没有发生污闪，离化工污染源较近的直线杆复合绝缘子串也没有发生污闪。

5. 建议与防范措施

（1）在离化工污染源 1000m 以内地区的线路上首选复合绝缘子，其次选大爬距防污型瓷绝缘子，并辅助涂 RTV 防污闪涂料。

（2）耐张杆应选用 10t 的单串复合绝缘子，或选用 10t 大爬距防污瓷绝缘子并涂上 RTV 防污闪涂料。如果仍然有拉弧放电现象，需在瓷绝缘子上加装硅橡胶伞裙。

（3）加强对化工污染源地区线路的巡视和检查，并定期对绝缘子串进行轮换检修。经常对线路上的污染源进行排查和分析，建立有效的新污秽源跟踪监督体系，对严重的化工污染四级污秽区，采取强有力的综合防污闪措施。

[案例三]

1. 案例概述

某年 2 月 7 日，某 500kV 线路跳闸，重合成功，故障测距距某电厂 36km，距某变电站 65km，故障选相 C 相。现场检查发现 101 号塔 C 相（左相）第一片瓷绝缘子和均压环上有闪络点，如图 2-20 所示。

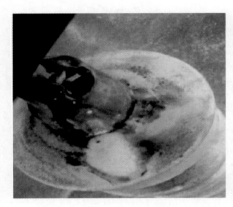

图 2-20　某 500kV 线路污闪图

2. 天气和环境情况

某线 101 号塔处于丘陵地区，周围基本为碎石地带，污秽等级为 Ⅱ 级污区。故障当日及前日，受冷空气影响，故障地区出现小雨和雨夹雪天气，并伴有大雾，风力较小。

3. 线路概况

某线路于某年 12 月建成投运，是一条 500kV 超高压输电线路。采用 4×LGJQ-300（24+7）轻型钢芯铝绞线的丝分裂导线。绝缘子组合形式为 XWP-210×26 片，爬电比距为 2.25cm/kV，未喷涂 PRTV 防污闪涂料，发生故障时该区域应为 e 类污秽区。

4. 故障原因具体分析

（1）环境污染与不利的气象条件综合作用。从前年 11 月至今，经过三个月的干旱天气，线路积污严重。根据现场调查，线路故障区域出现雨夹雪天气，并出现浓雾，温度为 -3～5℃，相对湿度为 95%RH，空气污染严重。夜晚含污秽较多的浓雾在绝缘子表面凝露，结成雾凇、薄冰，此种气候条件易发生闪络。

（2）绝缘配置存在薄弱点。根据某省公司《电气设备外绝缘防污闪技术管理原则》要求，500kV 线路除耐张绝缘子应全部采用复合绝缘子，否则应喷涂长效防污闪涂料。此次故障时绝缘子状况不满足上述条件。

（3）防污闪不能仅依靠清扫。发生污闪的线路于三年前 5 月进行过清扫，在清扫过程中严把质量关，保证了清扫质量，次年 2 月初就发生了跳闸。根据运行经验 2～3 个月时间足以使绝缘子积污到发生污闪的程度。防污闪的关键还是在于设备绝缘配置到位、留有裕度，清扫只能作为辅助手段，同时线路清扫还要注意时机，一般来说上半年清扫的线路对于当年冬季的防污闪起不到太大作用。

5. 建议与防范措施

（1）防污闪绝缘设计应"配置到位、留有裕度"。线路设计、基建、生产等部门和单位应共同协商，在不显著增加造价的前提下，把尽量多的裕度留给运行。对于 a、b 级污区，可提高一级绝缘配置；对于 c、d 级污区，宜按中、上限配置；对于 e 级污区，应采取措施满足防污要求。

（2）积极推广应用复合绝缘子和 PRTV 防污闪涂料。此次污闪跳闸的线路均为瓷绝缘子，而采用复合绝缘子或涂刷 PRTV 防污闪涂料的线路没有发生闪络。建议对新建和已建线路应推广使用复合绝缘子和 PRTV 防污闪涂料。

（3）建议在污染严重地区和防污闪能力较弱的线路区段安装在线监测系统，实时监控线路及周边地区的气象状况、污秽情况等，安装泄漏电流、盐密、灰密在线监测系统，为线路运行和防污闪治理提供第一手资料。

[案例四]

1. 案例概述

某年 3 月 21 日 4 时 28 分到 7 时 43 分，某 750kV 线路 I、II 线各发生 6 次故障跳闸。I 线故障相分别为 A、A、B、B、A、ABC 相，II 线故障相分别为 B、C、A、C、B、B 相，故障测距基本相同，重合闸动作成功。故障发生后立即启动事故应急抢修一级响应，当日 11 时左右将 I、II 线转检修。

经登塔检查，发现 I 线 118 号、II 线 113 号耐张塔三相 12 串绝缘子串多片瓷绝缘子表面、均压环有明显的放电烧伤现象，其他塔位未发现异常。I 线和 II 线故障图片分别如图 2-21 和图 2-22 所示。

图 2-21　I 线 118 号塔 B 相大号侧左、右串绝缘子表面及均压环放电烧伤痕迹

在 II 线故障巡视期间，I 线尚在正常运行。巡视人员发现 I 线 110 号、111 号、118 号杆塔绝缘子串表面有严重的放电、拉弧现象，如图 2-23 所示。

2. 天气和环境情况

当日，线路故障区段天气以阴天为主，空气湿度较大，并伴有沙尘天气，最大风力为18.5m/s，气温为 −3～11℃之间。部分地区受降温影响出现结冰。

图 2-22　Ⅱ线 113 号塔 C 相大号侧左、右串绝缘子表面及均压环放电烧伤痕迹

图 2-23　Ⅰ线绝缘子串的沿面放电和拉弧现象

3. 线路概况

某 750kV 线路于某年 6 月 25 日投入运行，沿线地貌形态以盐碱地和戈壁平地为主，部分地区经过泥沼、沙漠、盐湖地段。导线型号在海拔 3km 以下采用 6×LGJ-400/50，海拔 3km 以上采用 6×LGJ-500/45，盐湖段采用 JL/LHA1-200/230，地线型号为 JLB20A-100。故障区段绝缘子串型为单挂点双串，型号为 2×U420B/205，每串 62 片。故障区段按照 e 级污秽区设计，此前未发生过污闪故障。

4. 故障原因具体分析

（1）故障塔位于某盐湖的盐田中央或周边区域，该区域盐田中的卤水含盐量极高，在长日照天气条件下产生大量的盐蒸气，盐蒸气上升过程中吸附于绝缘子表面形成结晶体，由于卤水蒸发的连续作用，加之故障地区干旱少雨，绝缘子缺乏自洁能力，经近 9 个月的运行，绝缘子表面积污严重，盐密值极高。

（2）Ⅰ、Ⅱ线在该区域为南北走向，盐湖地区常年以西北风为主。而在线路上风侧 3km 区域内有一经济园区，园区内多家重污染企业每日排放的大量污染性气体及电导率高的金属粉尘等污秽物在风力作用下向线路方向扩散，极易吸附于线路绝缘子上，造成绝缘子表面积污进一步加重。

（3）3 月 19～21 日期间，盐湖地区出现风沙天气，绝缘子表面灰密值剧增，表面污秽陡然上升。

（4）故障当天凌晨 4 点左右，位于Ⅰ线 118 号和Ⅱ线 113 号故障塔上风侧的某钾肥公司出现约 30000m³ 的天然气泄漏，引起故障塔位附近局部地区大气条件发生剧变，使线路外绝缘强度大大降低，造成绝缘子闪络。因天然气泄漏量大且在故障时间段内持续存在，导致线路出现重复性跳闸故障。

5. 建议与防范措施

（1）将位于盐湖中心区段内的耐张塔普通瓷绝缘子更换为三伞防污型绝缘子并喷涂 PRTV 防污闪涂料。

（2）在未实施防污闪措施之前加强线路特殊巡视，按照每周一次的周期开展线路夜巡，及时发现放电、拉弧现象。若遇雨、雪、沙尘暴等恶劣天气，立即安排特殊巡视，发现问题及时处理。

（3）对盐湖地区 35～750kV 输电线路走廊周边污源、污湿特性进行调查分析，掌握盐湖地区输电线路绝缘子表面积污特性，校核 35～750kV 输电线路外绝缘配置水平。

（4）增加盐湖地区杆塔模拟串的数量，同时缩短模拟串盐、灰密取样周期，严格按周期开展盐密、灰密取样和检测工作，随时掌握盐湖地区绝缘子污秽变化情况。

（5）定期、定量更换盐湖地区直线塔复合绝缘子，开展复合绝缘子电气性能、力学性能检测。

四、盘形瓷绝缘子冰闪故障案例分析

［案例一］

1. 案例概述

某年 2 月 5 日 500kV Y 线Ⅲ线 15 时 01 分故障跳闸，重合成功，选相 C 相（上相）。省电网公司立即组织地面巡视，18 时 30 分结束地面巡视，未发现异常情况。2 月 6 日申请登塔检查，11 时 33 分，巡视人员在 154 号杆塔横担侧小号侧绝缘子串第 1、4、17、19 片绝缘子表面、钢帽上及均压环上发现有闪络痕迹，与保护分析测距基本吻合，确定为故障点。现场放电图片如图 2-24 所示。

图 2-24　Y 线Ⅲ线 154 号冰闪故障绝缘子串放电痕迹图

2. 天气和环境情况

2 月 3 日，大部分地区遭受一次大范围冻雨转中到大雪天气，附近 A 县 24h 降水 14.9mm（大雪水平），B 县 24h 降水 9mm（中雪水平）。此后至 5 日故障区段基本处于阴转多云天气，有雾。6 日天气转晴，由于海拔较高，故障区段气温基本在 0℃ 左右，风力较小。

3. 线路概况

500kV Y 线Ⅲ线投运时间为某年 5 月，1～11、59～527、529～530 号为同塔双回共 484 基，其他段为单回路共 81 基。Ⅲ线线路全长 247.041km，共有铁塔 568 基，其中直线塔 494 基，直线转角塔 5 基，耐张塔 69 基（其中换位塔 2 基）。设计气象条件 S 省段设计气象条件为覆冰厚度 10mm，83～140 号按 20mm 冰厚验算，最大风速 32m/s；H 省段为覆冰厚度 10mm，最大风速 30m/s。线路大部分位于 d 级污区，绝缘子全线实现复合化。

4. 故障原因具体分析

由于近一段雨水较少，空气湿度较小，形成了较长时间雾霾天气，空气中污秽、杂质较多。故障时段（故障时间在 12～15 时）温度开始回升，绝缘子、导线上的覆冰逐渐融化，表面形成高电导率的融冰水膜，同时绝缘子串覆冰使绝缘子局部串电压分布不均匀，使得绝缘子串有效爬距大大减小，从而使绝缘子闪络，导致故障的发生。

在 S 省境内和 H 省界附近，线路平均海拔较高，位于丘陵或下山坡区域，气象条件复杂，容易形成微气象区。该区段污秽等级为 d 级污区，在冬季恶劣气候下导线容易形成覆冰，如果条件合适，可能再次发生覆冰闪络，对线路造成严重危害，且尚未进行防冰治理（部分区段进行"2+1"改造，效果不明显），存在覆冰闪络跳闸的风险。

5. 建议与防范措施

保持原线路绝缘子配置型式和材质不变，将原线路的跳线串和直线悬垂串更换为大小伞型的防冰闪复合绝缘子或钢化玻璃绝缘子"4+1"插花布置，并对相应区段的绝缘子风偏进行校核计算。

[案例二]

1. 案例概述

某年 2 月 9～18 日，某省大部地区持续出现大雾、冻雨、大到暴雪天气，全省气温在 0℃
以下，冻雨、雪淞在线路上迅速形成覆冰，局部山区丘陵覆冰更为严重，造成多条 500kV 数次
覆冰跳闸。其中某线从 2 月 11～17 日共计发生 6 次跳闸。现场覆冰图如图 2-25 所示。

图 2-25　某线现场覆冰图

2. 天气和环境情况

根据设计审查意见，该线设计选取的气象条件如表 2-11 所示。

表 2-11　　　　　　　　　　　气　象　条　件

计算条件	最高气温	最低气温	最大风速	最大覆冰	安装	平均气温	外过电压	内过电压	年雷电日	冰的比重
气温（℃）	+40	−20	−5	−5	−10	+15	+15	+15	40	0.9
风速（m/s）	0	0	30	10（15）	10	0	10	15		
覆冰厚度（mm）	0	0	0	10（15）	0	0	0	0		

注　括号内为 15mm 覆冰，相应风速为 15m/s。本工程在 32～75 号，覆冰按 15mm 设计，其余地段覆冰按 10mm 设计。

该线路配置的绝缘子片数都是 28 片，从地形地貌看，跳闸测距确定的故障位置均处于
丘陵地带，属微气候地形。

3. 线路概况

某 500kV 是 S 省变电站至 L 市 500kV 变电站的一条同塔双回超高压输电线路，全长
118.946km，共有铁塔 276 基，1～219 号塔与 X 线 I 线共塔。220～276 号塔与 Y 线 I 线共塔。

4. 故障原因具体分析

绝缘子的冰闪是当绝缘子发生覆冰现象后，在特定温度下使绝缘子表面覆冰或被冰凌桥
接后，绝缘强度下降，泄漏距离缩短。在融冰过程中冰体表面或冰晶体表面的水膜会很快溶
解污秽物中的电解质，并提高融冰水或冰面水膜的电导率，引起绝缘子串电压分布的畸变
（而且还会引起单片绝缘子表面电压分布的畸变），从而降低覆冰绝缘子串的闪络电压。大气

中的污秽微粒直接沉降在绝缘子表面或作为凝聚核包含在雾中，将会使绝缘子覆冰融化时，冰水电导率进一步增加。另外，有关试验数据表明，覆冰越重，电压分布畸变越大，绝缘子串两端，特别是高压引线端绝缘子承受电压百分数越高，最终造成冰闪事故。

该线故障区段海拔较高，绝缘子组合形式为 XSP-210/170×28 片，整串泄漏距离为15260mm，爬电比距为 3.052cm/kV，在故障时期内，线路绝缘子、导地线覆冰严重，绝缘子表面覆冰或被冰凌桥接后，绝缘强度下降，泄漏距离缩短，造成多次冰闪故障。

5．建议与防范措施

（1）阻断绝缘子串裙边融冰水形成水帘是防止绝缘子串发生冰闪的一种有效方法。绝缘子串宜采用水平悬挂、V 形串、倒 V 形串、斜向悬挂等，可起到防止融冰水形成垂直水帘的作用。

（2）在重冰区宜采用大盘径绝缘子隔断。在直线悬式瓷绝缘子 3 片普通绝缘子之间更换一片大盘径绝缘子，阻断整串绝缘子冰凌的桥接通路。

（3）采用特制防冰复合绝缘子。对易覆冰、微地形、微气象区尽量选用裙间距大、结构高的绝缘子。向复合绝缘子生产厂家定做上、中、下各有一片特大伞裙的复合绝缘子，将原运行的复合绝缘子替换下来，或采用防冰闪专用复合绝缘子。

[案例三]

1．案例概述

某年 12 月 12 日，某 500kV 线路发生两次 B 相接地故障且均自动重合闸成功。检查发现233＋1 号塔 B 相左、右串第 1 片瓷绝缘子瓷件、钢帽及导线侧均压环均有放电烧伤痕迹。

登塔检查及现场测量脱落地面的冰块（跳闸后 27h），导线上脱落的冰块厚 80mm，冰块断面层次说明降雨过程为先冻雨，后雨加雪。铁塔主材迎风面冰厚大于 40mm，海拔 477m的 236 号塔的 XP-21 绝缘子金具覆冰达 50mm。233＋1 号塔 B 相左、右串第 1 片绝缘子（XWP-21 型，盘径 300mm，爬距 400mm，工频湿闪 50kV）瓷绝缘子伞面各有两块放电烧伤痕迹，面积约 100mm²，钢帽及导线侧均压环也有明显的烧伤痕迹。杆塔材上结的冰块绝大部分还未融化，但绝缘子串上已看不到冰块，只在相邻的杆塔绝缘子重锤上有未融化的冰

图 2-26　某线冰闪跳闸现场图

块。故障现场情况如图 2-26 所示。

2．天气和环境情况

该地区 12 月 10 日至 11 日气温急降，日平均气温维持在 −2℃ 左右并伴有小雨雪；山上线路地段昼夜气温均小于 0℃，至 12 日气温回升。雨雪使铁塔、导线及金具绝缘子均被覆冰包裹。

3．线路概况

该线路自某年 4 月投运。线路设计参数：最大风速 30m/s，平均气温 15℃，设计覆冰厚度

10mm，验算覆冰厚度 15mm，覆冰时的同时风速 10m/s，同时气温－5℃。

233＋1 号塔线段处于海拔 588m 的山峰上，两侧均为陡坡，山势险峻，地形复杂，水平距离 3km 的范围内相对高差达 300m，属于微地形、微气象区中的地形抬升型，盆地辐射冷却形成的云雾沿山坡上升到较高的台地或山顶成云成冰，导致送电线路覆冰荷载增大。投运后某年 11 月及次年 11 月该段线路连续两年因覆冰发生倒杆断线事故，为防止再次发生倒杆断线事故，该线段采用了 4 基耐张塔（其他为直线塔）。改造后的线路导地线为 4×LHAGJ-400/95 和 GJ-150，设计最大风速 30m/s；最大覆冰 35mm，同时风速 20m/s，气温－5℃。另按 50mm 覆冰，同时风速、气温相同条件验算（耐张塔）。改造段绝缘子悬垂串采用双联 26 片 XWP-21 型，耐张串采用 4 联 30 片 XP-21 绝缘子，跳线悬垂串采用 28 片 XWP-7 绝缘子。

4. 故障原因具体分析

覆冰地区大气中的污秽物积聚于绝缘子表面有两种方式：一是在覆冰前污秽物已沉积在运行绝缘子表面；二是冻结前悬浮水气中带有微小导电粒子，导电杂质的晶释效应使冻结时水中杂质被排释在冰晶体外表面。上述闪络跳闸地段属重污区（山下是采石厂），两种积污方式都存在，且以后一种情况为主，即覆冰中大量的电解质降低了绝缘子串的冰闪电压，引起闪络跳闸。

虽然输电线路覆冰闪络事故大多发生在融冰期，但上述闪络时间是上午 6 点多，气温较低（＜0℃），冰未融解而发生闪络是因为冰柱表面具有水膜，水膜会溶解冰中污秽物中的电解质并提高冰柱表面的电导率，从而降低覆冰绝缘子串的闪络电压并发生闪络跳闸。覆冰引起绝缘子串电压分布及单片绝缘子表面电压分布的畸变是绝缘子串冰闪电压降低的主要原因之一。覆冰绝缘子串的冰闪电压低于湿闪电压。

分析跳闸过程，因 233＋1 号塔绝缘子相邻两片伞裙距离较近（约 100mm），而被冰凌桥接并被冰柱包裹，为绝缘子串闪络放电提供了通道；6 时 23 分第一次跳闸，闪络电流融化绝缘子通道测的冰柱使重合闸成功，而另一侧冰柱未融化，6 时 31 分在未融化的冰柱测第二次跳闸并重复上述融冰—重合闸过程。233＋1 号塔 B 相左、右串第 1 片绝缘子上伞裙面放电烧伤痕迹即为上述放电过程的证据。

5. 建议与防范措施

（1）建议将该段直线塔等径双伞裙且伞裙间距离较小的 XWP-21 绝缘子更换为不等径双伞裙（大小伞裙）的绝缘子或复合绝缘子。

（2）在绝缘子表面覆涂具有憎水性能的涂料，降低冰与积覆物体表面的附着力。虽不能防止冰的形成，但可使冻雨或雪等在冻结或黏结到绝缘子之前就可在自然力（如风或绝缘子摆动时的力）的作用下滑落，达到防覆冰、减少线路出现冰害事故的目的。

（3）建议制定《500kV 电力线路微地形、微气象区线路设计技术规程》，着重讨论覆冰对杆塔、导线及金具绝缘子的影响。在充分掌握沿线气象资料的基础上，线路杆塔选址时尽量避开微地形、微气象地区。设立覆冰监测站，全面收集和长期累积气象资料，为输电线路的设计和运行维护提供基础数据。

五、盘形瓷绝缘子雪闪故障案例分析

[案例一]

1. 案例概述

某年2月4日500kV Y线Ⅱ线故障跳闸，重合不成功，选相A相，后强送成功。调度通知后，送变电公司、检修公司立即组织相关人员赶赴现场进行故障区段巡视，地面巡视结束，未发现异常情况。

2月5日，现场天气雪转阴，巡视人员进行多次交叉登塔检查，未找到故障点。2月6日巡视人员在Y线Ⅱ线154号塔绝缘子上及钢帽上发现闪络点，结合闪络痕迹确定为故障点。绝缘子串雪闪放电痕迹现场图如图2-27所示。

图2-27　Y线Ⅱ线154号塔绝缘子串雪闪放电痕迹现场图

2. 天气和环境情况

2月3日，大部分地区遭受一次大范围冻雨转中到大雪天气，附近A县24h降水14.9mm（大雪水平），B县24h降水9mm（中雪水平）。此后至5日故障区段基本处于阴转多云天气，有雾。6日天气转晴，由于海拔较高，故障区段气温基本在0℃左右，风力较小。

3. 线路概况

线路154号塔位于X县某乡某大队某组，海拔484m，处于相对较高的山顶上，与153号塔跨越一高差184m的大山沟。154号塔为同塔双回SZT4-39，前后档距分别是473m、1289m，耐张段长2200m。

4. 故障原因具体分析

2月2~3日，N省及X省大部分地区有一次雨雪天气过程，现场发现导线及绝缘子表面有覆雪情况，结合天气实况情况，故障区域经历过一次中到大雪过程。由于近一段雨水较少，空气湿度较小，形成了较长时间雾霾天气，空气中污秽、杂质较多。故障时段（故障时间在12~15时）温度开始回升，绝缘子、导线上的覆雪逐渐融化，表面形成高电导率的融雪水膜，同时绝缘子串覆雪使绝缘子局部串电压分布不均匀，使得绝缘子串有效爬距大大减小，从而使绝缘子闪络，进而导致故障的发生。

5. 建议与防范措施

建议在新建线路时进行差异化设计，线路走径力求避开严重覆冰地段，如不能避开覆冰地段，则应考虑采取防冰闪络的技术措施。在低温冰冻天气时，加大对故障区段的特巡力度，对存在微气象条件的线路区段，尤其应加强运行状况监视。统计、分析类似微气候区域线路绝缘子情况，进行防冰治理。使用"4+1"插花串、防冰型大盘径复合绝缘子，进行线路防覆冰治理。

在微气象区安装覆冰在线监测及气象监测站，以便随时掌握微气象区线路的环境参数及运行状态，为电网应急处置提供实时依据。

在2月4日故障中，最初提供的行波测距与实际故障点相距最大达到60km 154基铁塔，运行单位在错误故障点附近反复交叉登塔多达六遍检查，后在国网公司运维部、国调等单位的积极协调、支持下，最终设备厂家对行波测距进行校核，提供了正确数据。建议在线路跳闸故障状态时，两端厂站及故障测距设备厂家更加重视测距数据的核查，以便准确、快速查找故障点，及时制定治理措施。

[案例二]

1. 案例概述

某年4月11日12时29分，某变电站330kV LHⅡ线B相发生单相接地故障，开关跳闸重合成功；12时45分，XHⅠ线C相发生单相接地故障，开关跳闸重合成功；12时47分，LHⅡ线A相发生单相接地故障，开关跳闸重合成功；13时04分，LHⅠ线B相发生单相接地故障，开关跳闸重合成功；13时10分，LHⅠ线A相发生单相接地故障，开关跳闸重合成功。跳闸未造成负荷损失。

站内经检查发现LHⅠ线A相、B相线路CVT，LHⅡ线A相、B相CVT，XHⅠ线C相线路CVT，法兰处及套管所涂的防污闪涂料均有不同程度的沿面放电痕迹，且放电痕迹相似，均为同一方向从上到下贯穿性放电。其他设备外观检查无放电痕迹，但伞裙表面均有不同程度覆冰积雪。发生雪闪的CVT如图2-28所示。

图2-28 发生雪闪的CVT

2. 天气和环境情况

某市气象台4月11日8时40分发布暴雪橙色预警信号，预计未来12h内降雪将持续并增强。某变电站距离市区30km左右，当天天气恶劣，且室外温度高于水溶点（当天最高温度4℃），设备附着积雪呈现出半融冰状态，变电站设备的套管伞裙亦附着大量融积冰雪。

3. 线路概况

某变电站于某年投运，当时处于c级污区等级，设备设计选型的爬电比距为27mm/kV。

4. 故障原因具体分析

（1）当积雪溶融部分从线路电压互感器顶部滑落时，与下部伞裙融积冰雪形成通路，导致一次高压部分对地放电，线路发生单相接地故障，引起线路保护动作跳闸。放电时产生的电弧灼伤套管表面涂刷的防污闪涂料，并在套管法兰处及伞裙留下放电痕迹。

（2）随着能源基地近年来迅速发展，现场污秽度越来越严重。故障发生前年某变电站所在区域污区等级调整为 e 级，e 级污区统一爬电比距为 50.4～59.8mm/kV，其爬电比距已不满足防污要求。

（3）发生闪络的 CVT 虽然采用防污型伞裙的支柱绝缘子，但是相较其他支柱绝缘子而言，伞间距较小。防污闪涂覆时间较长，防污闪涂料的作用也随时间有所降低，绝缘子表面脏污。涂覆防污闪涂料使支柱绝缘子表面变得粗糙，更容易覆冰积雪。

5. 建议与防范措施

（1）加强对异常天气的监测和预警。建议加强与气象部门合作，对可能形成覆冰积雪的异常气候条件做好监测与预警工作，以便采取有效的防护措施。做好雪闪事故预案的制定与落实工作，针对发生雪闪概率大的变电站，加强联合反事故演习工作，切实做到有备无患。

（2）及时调整设备爬距。当支柱瓷绝缘子或瓷套统一爬电比距不满足要求时，应进行涂覆防污闪涂料处理，或结合设备改造选用大爬距设备。运行条件满足要求时，即使电瓷外绝缘配置符合要求，对处于 c 级污秽区的电瓷绝缘设备，可做涂覆防污闪涂料处理；处于 d 级污秽区的电瓷绝缘设备，宜做涂覆防污闪涂料处理；对于 e 级污秽区的所有户外电瓷绝缘设备，应做涂覆防污闪涂料处理。对于涂覆了防污闪涂料的电瓷设备，当其统一爬电比距的 1.5 倍仍然不能满足所在污秽区外绝缘配置要求时，应同时加装增爬裙。

（3）带电清扫设备绝缘子。针对某地夏季降雨较少、设备积污快的现状，为了保证供电可靠性，进行停电清扫难以满足外绝缘要求时，应大力开展带电清扫的研究与推广工作。

六、盘形瓷绝缘子雷电绕击故障案例分析

［案例一］

1. 案例概述

某年 7 月 2 日 ±500kV A 线极 Ⅱ 保护动作，两次全压再启动成功，故障测距为距 B 换流站 796km（对应杆号 2019 号）、799km（对应杆号 2026 号），距 C 换流站 142km（对应杆号 2026 号）。根据故障录波图信息，7 月 2 日极 Ⅱ 两次全压再启动成功，对系统未造成影响。分布式故障诊断系统后台反馈：7 月 2 日 ±500kV A 线线路发生雷击跳闸，故障杆塔是 2029 号。

经登塔排查故障，发现故障点为 A 线 2029 号极 Ⅱ 后侧 1 号子导线耐张串横担侧第 1 片绝缘子表面有 2 处 50mm×70mm 放电痕迹，对应跳线 3 号子导线有 2 处 20mm×30mm 闪络痕迹。现场图如图 2-29 所示。

图 2-29　A线 2029 号极 Ⅱ 后侧雷电放电痕迹现场图

2. 天气和环境情况

根据该地区气象台在故障时段观测的气象数据，7月2日，故障区段天气情况为雷暴雨天气，气温在 25～31℃，微风，相对湿度为 90%RH。

3. 线路概况

A线 2029 号杆塔，杆塔型号为 JT1 (25.5)，转角度数为左 29°08′，导线型号为 ACSR-720/50，地线型号为 GJ-80、OPGW-2，绝缘子配置为 4×XZP-210×37，雷害等级为 C2。故障区段主要地形为丘陵，故障杆塔位于山坡上，海拔高度 138m，前后档中有小溪流，地面倾斜角为 42°，边相导线保护角为 14.74°。气候类型为中亚热带季风气候，常年主导风为东南风，风速 5m/s，常年平均气温在 10～35℃。

4. 故障原因具体分析

经查询雷电定位系统得知，故障区段当日天气为雷暴雨天气，在7月2日A线故障跳闸时间内，A线 2029 号杆塔附近出现落雷4个，其中1个落雷距 2029 号杆塔 1902m，雷电流幅值为 −20kA，与线路雷击故障时间吻合。

通过以上分析，初步判断本次障碍由雷电引起。

（1）±500kV A线 2029 号耐雷水平计算——反击分析。接地电阻按实测 10Ω 计算（考虑天气原因，季节系数取 1.8），按照规程 DL/T 620—1997《交流电气装置的过电压保护和绝缘配合》中的相关阐述，雷击杆塔时，其反击耐雷水平由公式决定：

$$I = \frac{U_{50\%}}{\beta(1-k)R_i + \left(\dfrac{h_a}{h_i} - k\right)\beta\dfrac{L_i}{2.6} + \left(1 - \dfrac{h_g}{h_c}k_0\right)\dfrac{h_c}{2.6}}$$

式中：h_i 为杆塔高度，$h_i = 35$m；h_a 为横担对地高度，$h_a = 25.5$m；h_g 为避雷线平均高度，$h_g =$ 避雷线高度 −2/3 避雷弧垂 =35 −2/3×6 =31（m）；h_c 为导线平均高度，$h_c =$ 导线高度 −2/3 导线弧垂 =(25.5 −7.4) −2/3×9 =12.1（m）；L_i 为杆塔电感，$L_i = L_0 h_i = 35×0.5 = 17.5$（μH）；$R_i$ 为冲击接地电阻，$R_i = 10$Ω；β 为杆塔分流系数，$\beta = 0.88$；k_0 为导线和避雷线间的几何耦合系数，$k_0 \approx 0.2212$；k_1 为电晕效应校正系数，$k_1 = 1.28$；$k = k_0 k_1 = 1.28×0.2212 = 0.283$。

经计算：$I \approx 269.15$kA。

根据雷电定位系统查询结果：2029 号杆塔附近发生的雷电流幅值为－20kA 的一个落雷，与 2029 号杆塔故障时间一致。在无其他外界因素影响的前提下，雷电流强度远远小于计算结果，不满足反击要求，排除反击的可能。

（2）绕击分析。地线高度 h_b＝31m，导线高度 h_d＝12.1m，保护角 α＝14.74°，山坡倾角 θ＝42°。

临界击距

$$R_{sc} = 2[1 - \sin(\alpha + \theta)] = 131.56(\text{m})$$

临界电流

$$I_{sc} = (R_{sc}/7.1)4/3 = 49.03(\text{kA})$$

绕击耐雷水平及相应击距，根据电气几何模型法分析，可引起绕击的最小雷电流即绕击耐雷水平。

$$I_{hu} = 2 \times (U_{50\%} - 500)/265 \approx 18.5(\text{kA})$$

当实际雷电流幅值 I_a 满足 $I_{min} < I_a < I_{sc}$ 时可能会发生绕击，本次电流强度为 20kA 的雷电足以造成绕击。

根据《国家电网公司安全事故调查规程》（国家电网安监〔2016〕1033 号）2.3.8.2 之规定，A 线本次发生的故障为雷电绕击引发的输电线路设备八级事件。

5. 建议与防范措施

（1）有条件的应用避雷器。线路避雷器通常是指安装于架空输电线路上用以保护线路绝缘子免遭雷击闪络的一种避雷器。线路避雷器运行时与线路绝缘子并联，当线路遭受雷击时，能有效地防止雷电直击和绕击输电线路所引起的故障。A 线自投运来，共计发生雷击故障 33 次，其中极 I 故障 29 次，占比 87.88%；极 II 故障 4 次，占比 12.12%。直线塔故障 19 次，占比 57.58%；耐张塔故障 14 次，占比 42.42%。经统计 2006 年 A 线 2029 号极 II 同样发生过雷击故障，故障点与 2018 年 7 月 2 日 2029 号雷击故障点高度相似。2013 年 4 月 25 日 A 线 2264 号雷击故障与 2029 号故障同样类似，2264 号杆塔型号为 JT2（22.5），转角度数为右 51°18′，导线型号为 ACSR-720/50，地线型号为 GJ-80、OPGW-2，绝缘子配置为 4×XZP-210×37，雷害等级为 C2。故障区段主要地形为丘陵，故障杆塔位于山顶上，海拔高度 274m，地面倾斜角为 45°，边相导线保护角为 16.17°。经分析，三次雷击故障存在着共性，故障杆塔为耐张塔，转角度数较大，故障点均发生在内角侧，根据铁塔结构尺寸及金具串组装图校核，雷击放电通道距离比绝缘子串长距离小，且比跳线子导线闪络点距铁塔水平最近距离也小。建议对此种位于相似地形、相似杆塔、大转角、极 II 内角侧安装直流避雷器。

（2）降低接地电阻。降低杆塔接地电阻是较直接、较有效的防雷措施之一，接地电阻阻值是影响杆塔顶电位的关键性因素。杆塔接地电阻如果过大，雷击时易使杆塔顶部电位升高，对线路产生反击，若接地电阻满足要求，则雷电波侵入时，绝大多数雷电流将沿着杆塔和接地网流入大地，不至于破坏线路绝缘造成线路跳闸，从而保证线路安全运行。对于一些土壤电阻率较高的高山、岩石等地区，可采用敷设放射型地网和埋设接地极并用的方法或结合通过换土、使用降阻剂改善土壤电阻率，以达到降低杆塔接地电阻的目的。

（3）降低杆塔高度，尽量降低山头及易击段的杆塔呼高，杆塔越低杆塔的自感越小，导线的感应电压也会越小（导线对地电容增大），线路的反击耐雷水平相应的会提高。但这种方法受导线对地、对交叉跨越物距离的限制，降低幅度受限。

（4）加强线路绝缘。绝缘子的性能优劣将直接影响线路的耐雷水平，加大对绝缘子的检测维护力度，更换不符合要求的绝缘子，确保线路绝缘子始终满足运行要求；另一方面，适当增加线路每串绝缘子片数，提高绝缘子串的 $U_{50\%}$，来提高线路的耐雷水平，减少线路雷击跳闸事故。

［案例二］

1. 案例概述

某年 6 月 7 日凌晨 1 时，某 110kV 线路 N61 直线塔遭雷击，发生故障后 B 相导线掉落在横担上，第 1 片绝缘子挂在铁塔横担上，其余绝缘子掉落地面，第 3、5 片绝缘子的钢帽已炸裂，其余掉落的绝缘子有严重的雷击闪络痕迹，登塔检查发现左边线 A 相绝缘子整串也有雷击痕迹。

2. 天气和环境情况

故障线路跳闸时间段的当天为雷暴日，故障杆塔附件有雷电活动，综合雷电定位系统分析从雷击闪络的绝缘子可看出，掉串的绝缘子遭受了雷击。雷电监测信息查询结果如表 2-12 所示。

表 2-12 　　　　　　　　　　　雷电监测信息查询结果报表

序号	对象范围		缓冲区半径：1000（m）			
	时间	电流（kA）	回击	站数	距离（m）	最近杆塔
1	6月7日1时36分29秒	144.9	1	36	552	58-59

3. 线路概况

某 110kV 导线采用 LGJ-240/30 导线，地线采用 GJ-50 型及 OPGW 复合钢绞线，全线 70% 穿越高山、斜坡及树林。故障塔型为 110ZM-18 型，山地地形，绝缘子为单串，每串 8 片。

4. 故障原因具体分析

（1）外因分析。通过分析，发现 110kV N61 塔位于山顶，前后档距较大（分别为 485m 和 525m），因此该杆塔成为了易击点。另外，故障的杆塔接地电阻偏高，事后测量值都超过了设计值 15Ω，因而容易造成雷击故障。

（2）内因分析。从掉串的绝缘子看，钢帽与钢脚的内表面有锈蚀及放电痕迹，说明已成为零值、低值绝缘子。检测发现有零值及低值绝缘子，大部分绝缘电阻仅有十几兆欧，性能不符合运行要求。

（3）绝缘子钢帽炸裂的原因。绝缘子的机械强度设计是以钢脚破坏强度作为控制点的，然而，从运行及掉串的绝缘子来看，并未发现有钢脚破坏的现象。钢帽材质差、夹有杂质在多年长期的无规律的导线振动下，可能逐渐扩展成小裂纹（运行过程中难以发现），在雷击等外部恶劣环境作用下，便可能导致钢帽开裂。从掉串中被炸裂的绝缘子钢帽断裂口中发现夹有杂质，炸裂处有新旧两种裂痕。说明钢帽材质差是运行中绝缘子钢帽炸裂事故的原因之一。

综上分析得出，此次跳闸原因是雷电直接击中塔顶，由于 A、B 相绝缘子串中存在零值、低值绝缘子，加上铁塔的接地电阻都超过了设计值 15Ω，雷电击中塔顶后，雷电流不能及时泄入大地，在塔顶和横担仍产生高电位反击 A、B 相绝缘子，使 A、B 相绝缘子发生闪络，导致线路跳闸。

从 B 相绝缘子串第 3 片绝缘子钢帽裂口的铁锈可看出，绝缘子在掉串前已经存在隐性夹渣，雷击闪络后造成接地故障，在强大的短路电流冲击作用下，产生大量热量，使绝缘子钢帽内水泥胶合物发热膨胀，导致一些机械强度差的钢帽炸裂或炸碎，使钢帽与绝缘子其他部分脱离，从而出现掉串事故。

5．建议与防范措施

（1）严格绝缘子抽测检测制度，按规程规定周期进行绝缘子检测，及时更换零、低值绝缘子。

（2）杆塔接地装置因埋设深度不够、锈蚀、接触不良、土壤电阻率高等原因造成接地电网阻值达不到要求，导致"引雷"不顺畅，因此要按照规程规定定期对杆塔接地电阻进行测量，对接地电阻不合格的杆塔及时进行地网改造，特别应赶在雷雨季节来临之前，提高线路的耐雷水平。

（3）雷击易击点加装线路型避雷器，容易遭受雷击的杆塔主要是水库、水塘附近的突出山顶；某一区段的高位杆塔或向阳坡上的高位杆塔；频临水域的高坡处接地电阻较高的杆塔；大跨越大档距的杆塔。据此应在这些易发生雷击的杆塔地段加装线路型避雷器，在发生雷害时有效保护绝缘子。

［案例三］

1．案例概述

某年 8 月 23 日，某变电站 220kV 线路两侧双套主保护跳三相，强送不成功。24 日，经巡视发现 61 号杆面向大号侧左边线（B 相）导线掉落在地面上，第 5 片绝缘子的钢帽已炸裂，如图 2-30 所示。经检查，随导线掉落的绝缘子有严重电弧烧伤痕迹，右杆接地引下线螺栓处有明显放电点。登杆检查发现右边线（C 相）绝缘子整串也有闪络痕迹。经抢修后，线路恢复送电。

2．天气和环境情况

跳闸时间段，61 号杆段附近为雷阵雨大风天气。

图 2-30　某线 B 相绝缘子第 5 片绝缘子钢帽开裂

3. 线路概况

某线于某年 6 月投运，导线型号为 LGJ-240/40 型，地线为 GJ-50 型。线路地出多雷区，全线杆塔均进行接地外引和安装了负角保护针。故障杆型为 ZⅡ2-18.3 型，避雷线保护角 18°，山地型。绝缘子为单串，每串 13 片，绝缘子型号 XP-70。

4. 故障原因具体分析

（1）通过分析，跳闸原因为雷电直接击中杆顶，B、C 相绝缘子串中可能存在零值或低值绝缘子，使绝缘子串的耐雷水平降低，加上杆塔的接地电阻达到 15Ω，雷电流在通过杆塔向大地泄放时，在杆顶和横担处产生的高电位反击 B、C 相导线，使 B、C 相瓷绝缘子串闪络，导致线路跳闸。

（2）从 B 相绝缘子串第 5 片绝缘子钢帽裂口的铁锈可看出，该片绝缘子在雷击掉串前已经存在隐性裂纹或夹渣，很可能已经是零值绝缘子。雷击闪络后，强大的工频短路电流（故障录波图显示持续了 50ms）将通过雷击闪络通道流入大地，在该电流的作用下，故障绝缘子内部在瞬间产生了大量的热量，导致绝缘子钢帽内的空气及水泥胶合物急剧发热膨胀而使钢帽炸裂，钢帽炸裂后与绝缘子其他部分脱离，造成 B 相导线掉串。

5. 建议与防范措施

（1）强化输电线路防雷设计，贯彻防雷差异化设计原则，根据雷电定位系统提供的雷暴日、落雷密度数据进行防雷设计。

（2）严格执行新建、改造线路的批量绝缘子抽样检测制度，确保挂网运行的绝缘子质量。

（3）加强输电线路的运维管理，严格按规程规定周期进行零、低值绝缘子检测，及时更换零、低值绝缘子，确保线路绝缘水平良好，对处在雷电活动频繁区杆塔，进一步缩短检测周期。

（4）采取红外测温、带电测试等手段，加强绝缘子低零值的检测，及时发现存在隐患。

（5）缩短杆塔接地电阻测量周期，及时对接地电阻不合格的杆塔进行接地改造，将杆塔的接地电阻控制在 10Ω 以下，提高线路的耐雷水平；在易击杆段采取加强绝缘、加装可控避雷针、防绕击避雷针等综合防雷措施。

（6）采取"疏导"型防雷措施，加装线路避雷器或在绝缘子串上加装并联间隙（招弧角），在发生雷害闪络时有效保护绝缘子。

七、长棒形瓷绝缘子雷电绕击故障案例分析

1. 案例概述

某年 7 月 1 日，J 省某 500kV 线两套主保护动作跳闸，C 相跳闸，重合成功。运维单位立即组织人员赶赴现场开展故障巡视和带电登检。结合行波测距及雷电定位系统信息，制定了以 83～86 号区段为中心，经过逐基登检，发现 83 号塔 C 相长棒瓷绝缘子招弧角和均压环有放电形成的弧斑通道，初步判断为 83 号发生雷击跳闸事故，放电痕迹现场图如图 2-31 所示。

图 2-31　J 省长棒形瓷绝缘子雷电放电痕迹现场图

2. 天气和环境情况

据故障时段观测的气象数据，7 月 1 日故障区段天气情况：雷雨天气，气温在 26～32℃，大风，相对湿度为 85％RH，降水量为 30mm。

3. 线路概况

塔位设计电阻为小于 5Ω，经测量 83 号杆塔两个基础接地电阻分别为 A 腿 0.29Ω、C 腿 0.29Ω，考虑季节性系数，该塔接地电阻满足设计要求。

4. 故障原因具体分析

综合考虑故障区段的地理特征、气候特征、故障时段的天气情况等，结合雷电定位系统和故障录波信息、闪络点痕迹等，初步确定是雷击故障。

5. 建议与防范措施

从本次故障点查找和故障原因分析中可看出该 500kV 线防雷水平还有待进一步提高，暴露出在防雷击方面存在薄弱环节，应合理采取防雷措施。做好雷电系统定位数据分析工作，结合该地区线路历年雷击跳闸情况，分析电网雷电活动规律，以便制定更有针对性的防雷措施。

八、盘形瓷绝缘子钢脚腐蚀故障案例分析

1. 案例概述

2011~2013年，某超高压公司进行线路年检时，发现大量绝缘子出现金具腐蚀问题，其中某线路区段陶瓷绝缘子的钢脚腐蚀情况尤为严重，锈蚀绝缘子年度统计如表2-13所示。

表 2-13　　　　　　　　　　锈蚀瓷绝缘子年度统计

年检时间	运行杆塔（基）	锈蚀杆塔（基）	挂网运行数量（片）	锈蚀绝缘子数（片）	比例（%）
2011	139	129	73796	24215	32.81
2012	139	129	73796	24215	32.81
2013	139	136	73796	24881	33.72

观察统计数据可以看出，一旦发生因钢脚腐蚀造成的断串事故，将会威胁输电线路安全运行，造成巨大的经济损失。而且，随着运行年限的不断增长，绝缘子钢脚腐蚀会逐渐加重，危险系数不断增高，成为影响该线路安全运行的重大隐患。

2. 天气和环境情况

（1）腐蚀程度严重的环境。对该直流线路绝缘子腐蚀区段环境综合分析发现，绝缘子腐蚀较为严重的典型地形环境为高原山地林区，典型气候条件具有如下特点：

1）空气湿度相对较大；

2）秋末至春初一段时间内容易出现持续大雾天气；

3）天气条件变幻多样。

选取该直流线路绝缘子腐蚀比较严重的杆塔，杆塔附近环境如图2-32所示。

(a)　　　　　　　　　　(b)

图 2-32　腐蚀比较严重的杆塔周边环境（一）

（a）晴天；（b）轻雾天气

(c)

图 2-32　腐蚀比较严重的杆塔周边环境（二）

（c）周边环境

（2）腐蚀程度较轻的典型环境。绝缘子腐蚀较轻微的典型地形环境为平坦开阔地，典型的气候条件具有如下特点：地势平坦开阔，周边无树木、林场；光照条件充足；雾天较少。

选取该直流线路绝缘子腐蚀比较轻微的杆塔，杆塔附近环境如图 2-33 所示。

图 2-33　腐蚀比较轻微的杆塔周边环境

3. 故障原因具体分析

通过研究发现，造成该直流线路瓷绝缘子钢脚腐蚀问题的主要原因是电化学腐蚀，通过试验对钢脚腐蚀绝缘子的机电性能进行分析，发现钢脚腐蚀绝缘子的机械强度及破坏形式均发生了明显改变，即钢脚腐蚀会影响绝缘子的机械强度；同时环境及气象因素对绝缘子钢脚腐蚀有不可忽视的影响，绝缘子腐蚀严重地区年均雾日多于腐蚀轻微地区。

4. 建议与防范措施

从本次故障分析中可看出特高压直流线路需重点关注绝缘子钢脚腐蚀问题，日常运维中加强巡视，重点关注年均雾日较多的地区，及时处理存在的安全隐患，必要时在绝缘子锌套和水泥交界采取密封等保护措施。

九、盘形瓷绝缘子锌环掉落案例分析

某两条±800kV线路投运后，部分杆塔瓷绝缘子出现电腐蚀现象（见图 2-34）。瓷绝缘子钢帽口内侧经水泥胶合剂与表面泄漏电流连通，处于正极的钢帽（钢脚为负极）泄漏电流起始点逐渐腐蚀较薄的锌层，进而腐蚀铁基。为保护钢帽继续受电腐蚀，开展盘式瓷质绝缘子电腐蚀情况排查，并在停电检修期间，对两条线路实施了加装锌环治理，见图 2-35。

图 2-34　瓷绝缘子串电腐蚀照片

图 2-35　瓷绝缘子锌环安装过程

1. 事件概况

（1）1号线路。某年3月停电检修期间，登塔检查发现1号线部分杆塔瓷质绝缘子锌环存在脱落情况（见图2-36和图2-37），安排人员对该线杆塔进行全面排查，同时安排无人机对2号线杆塔进行排查。

图 2-36　1号线耐张塔瓷绝缘子锌环脱落

图 2-37　1号线现场掉落的锌环

1号线累计完成87基杆塔的排查，其中耐张塔40基，直线塔37基，锌环均存在不同程度脱落。完成58010片安装锌环瓷绝缘子的排查，累计发现锌环脱落2067片，脱落率约3.56%；其中耐张塔脱落率约3.64%，直线塔脱落率约3.48%。

（2）2号线路。2号线累计完成12基杆塔的排查，其中耐张塔5基、直线塔7基，锌环也存在不同程度的脱落（见图2-38和图2-39）。已完成5588片安装锌环瓷绝缘子的排查中，累计发现锌环脱落166片，脱落率约2.97%；其中耐张塔脱落率约3.69%，直线塔脱落率约2.33%。

2. 脱落原因分析

结合1号和2号线路锌环排查和脱落情况，查阅验收、运行记录和设计文件等资料，分析原因为锌环结构及安装工艺存在隐患，并在高温和风力等外力作用下发生脱落。一是锌环设计为马蹄环，非全圆结构，包络角220°，开口部位140°，材质软、易变形，耐张塔锌环开口朝上，直线塔开口朝内，存在脱落隐患。二是锌环设计环境温度为−10~40℃，夏季在长时间阳光照射下锌环温度高于环境温度，在气温降低时因锌的恢复特性小难以复原，长期热胀累积，锌环直径不断扩大，并在风力等外力作用下产生微振动发生脱落。

图 2-38　2 号线耐张塔瓷绝缘子锌环脱落

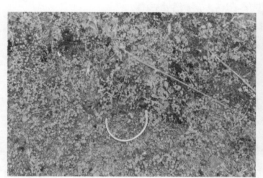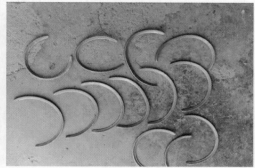

图 2-39　2 号线现场掉落的锌环

3. 防治措施

为防止瓷绝缘子加装的锌环脱落，改变锌环结构，采取双半环加开口销锁紧的形式，见图 2-40。锌环采用锌合金一次性压铸成型，成型后形成两个双半圆形状，将铆钉压铸提前预留的孔中，从而形成一组可开合的满环锌环。铆钉和开口销采用不锈钢材质，自然环境中耐腐蚀性比较高。满环形式安装方向没有要求，打开锌环放入对应瓷绝缘子缝隙中，然后合并一起用开口销锁紧即可，适用于悬垂串、耐张串及 V 形串。

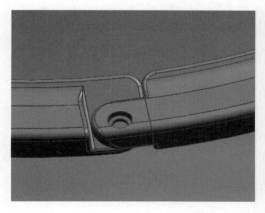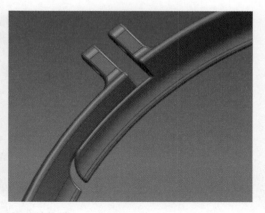

图 2-40　改进后锌环结构图

第三章　玻璃绝缘子技术及故障案例

第一节　玻璃绝缘子的结构及特点

一、玻璃绝缘子的结构

玻璃绝缘子一般指盘形悬式玻璃绝缘子，其外形可分为标准型（普通型）、钟罩型、外伞型，其中外伞型可分为双伞、三伞、空气动力型。

标准型或称普通型绝缘子，一般伞下有棱槽，棱槽用以增加绝缘子爬电距离，从而提高闪络电压，普通型绝缘子棱槽较浅；钟罩型绝缘子外沿伞裙深度较大、且常常有中部棱槽，深度超过外沿伞；外伞型绝缘子伞下没有棱槽。目前外伞型玻璃绝缘子使用相对较少，空气动力型在部分重冰区用于插花串的防冰配置，双伞、三伞型只在少数工程挂网运行。玻璃绝缘子的结构如图 3-1 所示。

交流玻璃绝缘子内部结构如图 3-2 所示。

钢帽、钢脚用于绝缘子之间或绝缘子与金具的互相连接，锁紧销用于钢脚与钢帽连接后的位置固定，防止绝缘子脱出。

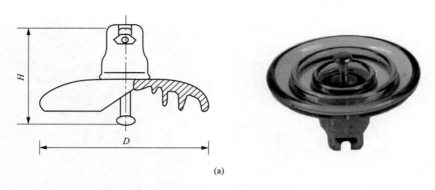

(a)

图 3-1　玻璃绝缘子的结构（一）

（a）交流用标准型绝缘子

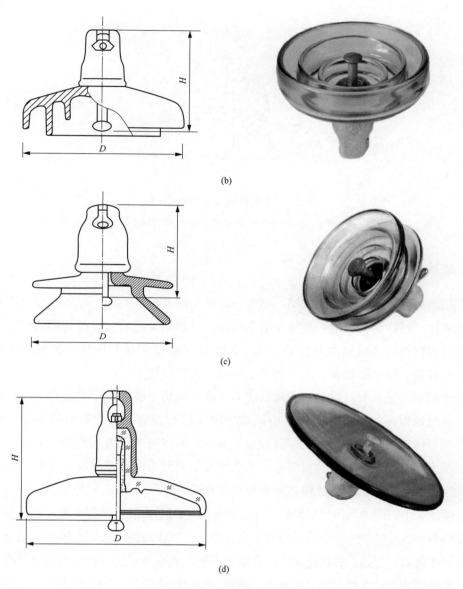

图 3-1　玻璃绝缘子的结构（二）

（b）交流用钟罩型绝缘子；（c）交流用外伞型绝缘子（双伞）；

（d）交流用外伞型绝缘子（单伞）

注：H 为绝缘子高度，D 为绝缘子伞径。

　　瓷件是承担绝缘子绝缘功能的部分，其中位于钢帽内部的瓷件称为瓷头，为绝缘子内部电场强度最大部分，其材质、设计是绝缘子内绝缘性能的关键。

　　水泥胶装承担瓷件、钢帽之间的连接，是决定绝缘子机械强度、内绝缘性能的关键。

　　直流盘形悬式绝缘子在图 3-2 的基础上增加了锌环、锌套，分别安装于钢帽和钢脚，承担牺牲电极的作用，用于保护钢脚、钢帽不受电腐蚀。

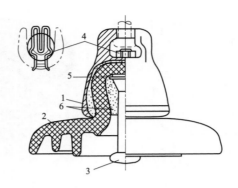

图 3-2 交流玻璃绝缘子内部结构

1—钢帽；2—玻璃件；3—钢脚；4—锁紧销；5—弹性衬垫；6—水泥胶装

二、玻璃绝缘子特点

钢化玻璃绝缘子的绝缘件为玻璃，是由石英砂、白云石、长石、石灰石和化工原料经高温熔融成液体，经冷凝而成的一种均质的非晶体。经钢化处理后，表层获得均匀分布的压应力，同时具有较高的机械强度和热稳定性。钢化玻璃绝缘子具有优良的机电性能和抗拉强度、耐振动疲劳、耐电弧烧伤、耐冷热冲击和耐电击穿性能。

钢化玻璃绝缘子具有自爆的自我淘汰能力，这是区别于瓷绝缘子和复合绝缘子的最显著的特点。自爆原因一是来自制造过程中玻璃中的杂质和结瘤。若杂质和结瘤分布在内张力层，在产品制成后的一段时间内，部分会发生自爆。所以制造单位在产品制造后应存放一段时间，以便发现制造中存在的质量隐患。若杂质或结瘤分布在外压缩层，在输电线路上运行一段时间后，在遇到强烈的冷热温差和机电负荷作用下，有可能引发玻璃绝缘件自爆。另外，运行中玻璃绝缘子表面的积污层受潮后，在工频电压作用下会发生局部放电。由局部放电引起的长期发热会导致玻璃件绝缘下降，引起零值自爆。所以在污秽严重地区运行的玻璃绝缘子其自爆率会有所增高。但是，玻璃绝缘子的自爆率不同于瓷绝缘子的劣化率和有机复合绝缘子的老化率。玻璃绝缘子的自爆率属早期暴露，随着运行时间的延长，自爆率呈逐年下降趋势。

钢化玻璃绝缘子自爆后失去伞裙，缺陷明显，无须登杆，仅用目视和望远镜或直升机巡线即可发现，大大降低了线路运行部门每年检劣所花费的人力和物力，同时也消除了因检零失误所造成的潜在隐患。另外，由于钢化玻璃绝缘子自破后的残锤强度较高，因此不致引起掉线事故。但是如果玻璃绝缘子因质量原因造成自爆率过高，会影响架空线路的安全运行。

钢化玻璃绝缘子具有长期稳定的机电性能，即具有较长的使用寿命。使用较早的法国、意大利、苏联等国，认为钢化玻璃绝缘子不老化，它的使用寿命取决于绝缘子金属附件的寿命。对在线路上运行年限不同的瓷绝缘子、玻璃绝缘子进行机电性能对比试验，发现部分瓷绝缘子在运行 15～25 年后，试验值已低于出厂试验标准值，不合格率随运行年限增加。而玻璃绝缘子的稳定性和分散性要好于瓷绝缘子。对瓷绝缘子和玻璃绝缘子进行高频振动疲劳试验，试验结果表明振后玻璃绝缘子的机电强度变化不大，而振后瓷绝缘子的机电强度明显下降。这一方面是因为国产瓷绝缘子厂家较多，由于材质及制造工艺等方面的因素，造成质量分散性大。另一方面，由于瓷质烧结体是不均匀材料，在长期的运行过程中，受各种机械冲击力、振动力的作用，可能对瓷体造成损伤，导致力学性能下降。

盘形玻璃绝缘子零值自爆是因为内部劣化时，电流增大，内部因发热而膨胀，此时外部却不发热，内外产生力作用，最终导致盘形玻璃绝缘子破碎。然而当盘形玻璃绝缘子外部积污较多，沿面泄漏严重时，并不会内热外冷而产生作用力，盘形玻璃绝缘子不会自爆，这就形成了盘形玻璃绝缘子外部泄漏严重却不自爆的情况。盘形玻璃绝缘子在制造过程中不可避免地含有极少量的杂质，如果杂质分布在内张力层，较短时期内就会"自爆"。据调查，国产钢化盘形玻璃绝缘子的年自爆率总体水平为 0.1136%。为了使不良的盘形玻璃绝缘子尽量不安装到运行的线路上，玻璃件或绝缘子的成品至少应露天存放 3 个月，存放时间越长越好。盘形玻璃绝缘子闪络后，表面不发生颜色变化，难以发现。

第二节　玻璃绝缘子性能试验与评价

玻璃绝缘子必须耐受在运行中遇到的各种机械负荷、温度变化和电气应力，因而要对验证这些性能进行相关的试验。在运行过程中，玻璃绝缘子会受到污秽、鸟害、冰雪、高湿、温差及空气中有害物质等环境因素的影响；在电气上还要承受强电场、雷电冲击、工频电弧电流等的作用；在机械上要承受长期工作荷载、综合荷载机械力的作用。同时，玻璃绝缘子产品质量如果不合格，挂网运行时易出现大面积自爆现象，因此入网前和挂网运行后要准确掌握绝缘子的运行状态，综合评估其运行性能，定期对玻璃绝缘子进行抽检试验并评估运行性能。

一、玻璃绝缘子性能试验

玻璃绝缘子试验按照试验性质可以分为型式试验、抽样试验、逐个试验等几类。

（1）型式试验的目的主要是检验由绝缘子的结构所决定的主要特性。该组试验通常在少量的绝缘子上进行，且对绝缘子的新结构或新制造工艺只进行一次，而后，只在绝缘子的结构或制造工艺变更时才重复试验。

（2）抽样试验是为了检验随绝缘子的制造工艺和部件材料质量变化而发生的特性。抽样试验作为验收试验，试品应从满足有关逐个试验要求的绝缘子批中随机抽取。

（3）逐个试验的目的在于剔除有缺陷的绝缘子元件，在制造过程中对每一个绝缘子都要进行逐个试验。

（一）型式试验

型式试验包括电气型式试验和机械型式试验，绝缘子的电气型式主要由电弧距离、爬电距离、伞倾角、伞径和伞间距确定，其机械型式主要由最大规定机械负荷（SML）确定。当设计和制造工艺发生改变并影响其电气特性和机械特性时，需重新进行电气和机械型式试验。

机械型式试验合格证书的有效期为从给出数据之日起十年，电气型式试验合格证书的有效期无限制。如型式试验的结果和后来相应的抽样试验的结果没有大的差别，在上述期限内，型式试验报告仍然有效。型式试验绝缘子的选取应从满足所有有关抽样试验（与型式试验相同的项目除外）和逐个试验要求的绝缘子批中随机抽取。

（二）抽样试验

1. 抽样规则

抽样试验采用 E1 和 E2 两种样本，样本容量在表 3-1 中给出。当绝缘子多于 10000 只时，应将它们分成每批由 2000～10000 只绝缘子组成的适当批量数，每批的试验结果应分别进行评价。绝缘子应从每批中随机抽取，用户有权进行抽样，经抽样试验可能影响力学性能和电气性能的绝缘子不应提交使用。

表 3-1   绝缘子抽样试验样本数量

批量 N	样本容量	
	E1	E2
$N \leqslant 300$	按协商的数量	
$300 < N \leqslant 2000$	4	3
$2000 < N \leqslant 5000$	8	4
$5000 < N \leqslant 10000$	12	6

2. 试验项目

玻璃绝缘子的抽样试验作为验收试验的一部分，包括锁紧销检测、温度循环试验、机械破坏负荷试验、热震试验、击穿耐受试验、孔隙性试验、镀层试验。线路柱式绝缘子抽样试验项目参照表如表 3-2 所示。抽样试验应按参照表规定的次序进行，在完成适合两种样本抽样试验之后，其他抽样试验之前，允许进行仅适合样本 E1（或 E2）的试验。

表 3-2   线路柱式绝缘子试验项目参照表

绝缘子的型式		线路柱式绝缘子	
绝缘子的高度		$H \leqslant 600$	$H > 600$
绝缘子的类型		A	A
抽样试验	尺寸检查	E2	E2
	温度循环试验		
	机械破坏负荷试验	E1	E1
	热震试验	E2	E2
	孔隙性试验		
	镀层试验	E2	E2

3. 抽样试验的重复试验程序

如果判定准则有规定，抽样试验采用如下重复试验程序。如果仅有一个绝缘子或金属附件抽样试验不合格，则应抽取第一次抽样试品数量两倍的新试品进行重复试验。重复试验应包括试验不合格项目及该项目之前的且对试验结果有影响的试验项目。如果有两个或更多的绝缘子或金属附件在任何一项抽样试验中不合格，或是重复试验时有任何一个绝缘子或金属附件不合格，则认为整批产品不符合标准要求，应由制造厂收回。如果能够清楚地识别出产品不合格的原因，制造厂可以在该批绝缘子中剔除具有这种缺陷的所有绝缘子（当一批绝缘子已分成若干小批时，如果小批中有一批不合格，则调研可以扩大到其他批）。然后，精选后的批次或部分绝缘子可重新提交试验。此时抽取试品的数量是第一次抽取试品数量的三倍。重新试验应包括不合格项及该项之前且对试验结果有影响的试验项目。重新试验时，有任何一个绝缘子不合格，则认为整批产品不符合标准要求。

4. 试验项目介绍

（1）尺寸检查。试验绝缘子的尺寸应符合相应的图样，应特别注意有专门公差要求的尺寸（如规定的结构高度）和影响互换性的细节。绝缘子串元件的球窝连接尺寸应按 E1 和 E2 抽样检查，其他尺寸和其他型式绝缘子仅采用 E2 抽样检查。除非另有协议，对所有未标注专门偏差的尺寸，允许下列偏差（d 为检查尺寸，单位为 mm）：当 $d \leqslant 300$mm 和所有长度的爬电距离时，$\pm(0.04d+1.5)$mm；当 $d > 300$mm 时允许偏差为 $\pm(0.025d+6)$mm。

输电线路绝缘子结构高度测量结果如图 3-3 所示。

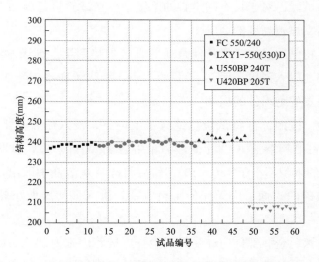

图 3-3　输电线路绝缘子结构高度测量结果

（2）温度循环试验。带有固定金属附件的退火玻璃绝缘子，应不经过中间容器，迅速而完全地浸入在温度比后面试验用的人工雨高 θ℃的热水中，并在此热水中保持 15min，然后取出试品，并迅速地淋以 15min 的人工雨，人工雨的降雨率为 3mm/min，没有其他特殊要求。这样的热冷循环应连续进行三次，从热水到淋雨或其相反的转换时间内不应超过30s。退火玻璃耐受温度变化的能力取决于许多因素，其中最主要的一个因素是它的成分。因此，温度θ应由供需双方协商确定。完成第三次循环后，绝缘子应经检验证明没有裂纹，之后，对于A型绝缘子应进行1min机械负荷试验，该负荷等于规定机械破坏负荷的80%，对于B型绝缘子应进行1min工频试验。

温度热循环试验现场图如图3-4所示。

图3-4　温度热循环试验现场图

（3）机械破坏负荷试验。机械破坏负荷是指在规定的试验条件下绝缘子串元件或刚性绝缘子试验时所能达到的最大负荷。针式绝缘子或线路柱式绝缘子应按有关规定安装，并施加机械弯曲负荷。绝缘子串元件应独立经受施加在金属附件之间的拉伸负荷。对于试验机连接部件的主要尺寸，球窝连接和槽型连接的绝缘子应符合标准规定。试验负荷应平稳、迅速地从零增加到约为规定机械破坏负荷的75%，然后以每分钟10%~35%规定机械破坏负荷的速度（相当于在15~45s时间内达到规定的机械破坏负荷）逐步增加。对于针式绝缘子，增加到规定的机械破坏负荷为止，并记录该数值。如果达到规定的机械破坏负荷，而绝缘件没有发生机械破坏或未超过判定负荷，则认为绝缘子通过机械破坏负荷试验。对于具有固定脚的绝缘子，在试验负荷施加点上的绝缘件的残余变形不应超过该点离支撑板高度的20%。

（4）热震试验。将已用热空气或其他合适的方法加热到至少高于水温100℃，且温度均匀的绝缘子迅速而完全浸入温度不超过50℃的水中。绝缘子在水中至少应保持2min。绝缘子应承受本试验而不发生绝缘件的损坏。

（5）孔隙性试验。按照标准将试块从绝缘子上取下，浸入压力不小于$15 \times 10^6 \text{N/m}^2$的质量分数为1%的品红酒精溶液（100g变性酒精中含1g品红）中，试验时间以小时计，压力以N/m^2计，二者的乘积不小于180×10^6，然后将碎片从溶液中取出，洗涤、干燥、再敲碎。用肉眼检查新敲碎的表面，应无任何染色渗透，渗入最初敲取小碎片时形成的小裂纹除外。

（6）镀层试验。黑色金属部件应经受外观检查，接着用磁力试验法测定镀层质量。当对用磁力法测试的结果有分歧意见时，应对铸件和锻件及经过协议的垫圈用称量法，按规定进行试验，或对螺栓、螺母或垫圈用显微镜法按规定进行试验。金属件应经受外观检查，在用磁力试验法确定镀层质量时，对每个被试品应按其尺寸大小进行3~10次测量。这些测量应均匀而随机地分布在整个试品表面，避开边缘和尖端处。用磁力法确定镀层质量是非破坏性的，简单、迅速且有足够的精度，在绝大多数情况下适用。在外观检查中，镀层应连续，尽可能均匀光滑（以免搬运时损坏），避免任何不利于镀品正常使用的缺陷，允许有小的缺锌庇点，单个缺锌庇点的最大面积为 4mm²，但总的缺锌面积不应超过大约金属附件总面积的 0.5%，最大不得超过 20mm²。镀层质量方面，镀层应附着良好，在正常使用时，能经受装卸而不起皮剥落。由测量的算术平均值得出的镀层质量不应小于规定值。悬式绝缘子钢脚镀锌厚度如图 3-5 所示。

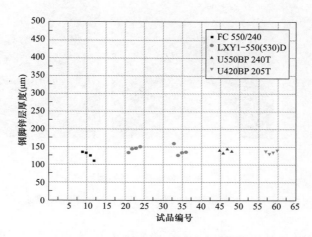

图 3-5　悬式绝缘子钢脚镀锌厚度

二、玻璃绝缘子的运行评价

（一）外观及尺寸检查

1. 外观检查

对绝缘子进行巡视和检查时，若发现锁紧销缺少、绝缘子零值，应采用带电作业或停电补装，并按照规定及时对绝缘子进行检查。若出现以下情况之一，则可判定绝缘子失效。

（1）钢帽出现裂纹和黄色锈斑（返酸）、钢脚出现弯曲、开裂；

（2）钢帽和钢脚电弧严重烧损；

（3）钢帽、绝缘件、钢脚三者不在同一轴线上；

（4）绝缘件局部放电灼伤严重，出现部分脱落；

（5）钢脚处胶装水泥出现裂纹或歪斜。

若绝缘子出现以下情形之一，则应该对该批绝缘子进行抽样检查。

（1）绝缘件出现裂纹、变碎、部分脱落；

（2）投运 2 年内年均劣化率大于 0.04，或 2 年后检测周期内年均劣化率大于 0.02，或年劣化率大于 0.1%；

（3）钢帽和钢脚开裂，钢脚出现弯曲；

（4）胶装水泥有裂纹、歪斜；

（5）绝缘子掉串。

玻璃绝缘子典型外观缺陷如图3-6所示。

（a）　　　　　　　　　　　（b）　　　　　　　　　　　（c）

图3-6　玻璃绝缘子典型外观缺陷

（a）掉串；（b）绝缘件出现裂纹、变碎；（c）沿面泄漏严重

图3-7　钢帽锈蚀

按照GB/T 1001.1—2003《标称电压高于1000V的架空线路绝缘子　第1部分：交流系统用瓷或玻璃绝缘子元件　定义、试验方法和判定准则》及GB/T 19443—2004《标称电压高于1000V的架空线路用绝缘子—直流系统用瓷或玻璃绝缘子元件—定义、试验方法和接收准则》标准的要求，玻璃绝缘子的外观检查应满足：绝缘子不应有折痕、气孔等不利于良好运行的表面缺陷，并且在玻璃体中不应有直径大于5mm的气泡。对某次抽样试验的特高压交、直流输电线路大吨位盘形悬式绝缘子进行外观检查，经检查发现其存在钢帽锈蚀，典型照片如图3-7所示。

对钢帽锈蚀的悬式瓷绝缘子进行统计，发现钢帽锈蚀的绝缘子均安装于直线塔。由于特高压直流线路直线塔普遍采用V形串悬挂方式，南方湿润、多雨的气候环境导致钢帽下沿与伞裙上表面间的空隙容易被雨水或冷凝水桥接，形成导电通路，由于桥接点水滴宽度较小，经过钢帽与水滴连接点的电流密度较大，电腐蚀较快。钢帽长期锈蚀会影响瓷绝缘子的电气、力学性能，给线路的安全运行造成隐患。

2. 尺寸检查

对试验绝缘子的盘径、结构高度、爬电距离进行检查，经检查，试验绝缘子的盘径、结构高度、爬电距离都符合标准和产品图样规定。部分检查结果如图3-8所示。

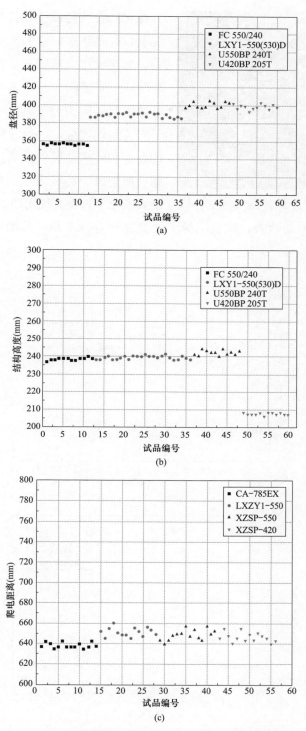

图 3-8　试验绝缘子的盘径、结构高度、爬电距离

（a）盘径；（b）结构高度；（c）爬电距离

对本次试验绝缘子的轴向、径向偏差进行了检查。绝缘子串元件两端装有合适的连接件

图 3-9　绝缘子偏差检查现场图

并在它们之间轻微施加拉力，在槽型连接的情况下，有必要添加衬垫使连接金属附件对准中心。两连接件应在同一垂直轴线上，且能自由旋转，上安装附件是窝或槽，使试验中绝缘子的球头或扁脚头通过其套挂；同时，钢帽通过下安装附件定位，以便它们在绝缘件最大直径的点上和外端伞棱的最高点上分别与绝缘件接触，把绝缘子旋转 360°，并记录测量装置读数最大变化量，检查现场图如图 3-9 所示。

　　通过对绝缘子偏差的检查，试验绝缘子的偏差符合标准和产品图样规定，检查结果如图 3-10 所示。

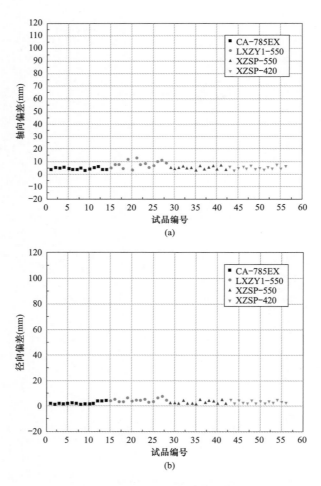

图 3-10　绝缘子偏差检查结果

（a）轴向偏差；（b）径向偏差

（二）红外和紫外检测

绝缘子受劣化影响，会引起绝缘电阻值下降，导致绝缘子发热，其包括介质极化引起的介损发热、内部穿透性泄漏电流引起的发热、表面泄漏电流引起的发热。因此，可以使用红外检测仪进行劣化绝缘子的检测。当绝缘子串中出现劣化绝缘子时，绝缘子串表面的电位分布发生改变，导致绝缘子周围空间电场分布改变，从而使部分绝缘子的电晕放电加剧，放电紫外脉冲数量增加。紫外检测可以直接用于放电点的观测，确定放电点位置及强度。在线路运行期间，红外和紫外检测是发现绝缘子缺陷及隐患的重要手段。结合红外和紫外检测结果，可判定绝缘子是否处于正常运行状态。

对某特高压线路开展现场红外、紫外检测，在现场试验过程中，首先采用高清数码望远镜对线路异常放电部位进行可见光观测，初步确定放电部位，然后采用红外热像仪进行绝缘子温度测量，当发现有部分绝缘子存在温度异常时，使用紫外成像仪进行放电点观测，正常运行状态下的绝缘子红外和紫外检测结果如图 3-11 所示。

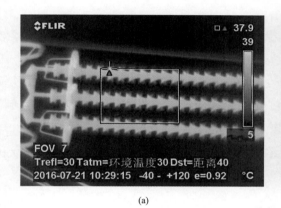 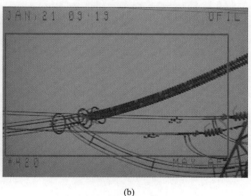

(a)　　　　　　　　　　　　　　(b)

图 3-11　正常状态下的红外检测结果和紫外检测结果

（a）红外检测结果；（b）紫外检测结果

当绝缘子出现绝缘性能劣化时，绝缘子泄漏电流增大，表面污秽的影响导致绝缘子表面局部区域发热，表面场强增加，产生电晕放电。巡视人员发现某线路绝缘子存在较大放电声响，对其开展红外、紫外现场检测，检测照片如图 3-12 所示。

红外测温结果显示绝缘子及金具无过大温差变化，但绝缘子串中不均匀地分布绝缘子热像特征。紫外检测仪现场测量绝缘子及金具，发现左侧绝缘子串高压端开始第 $1\sim3$、$7\sim10$ 片有不稳定的放电迹象，其他绝缘子串和部位无明显放电迹象。结合停电检修对绝缘子进行了零低值检测，经检测共发现有 4 片绝缘子绝缘电阻小于 $500M\Omega$。结合红外检测和紫外检测结果，可以实现对劣化绝缘子的非接触式检测，提高劣化绝缘子的检测效率。

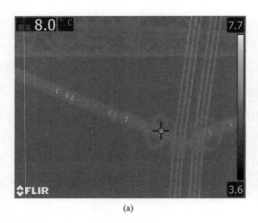
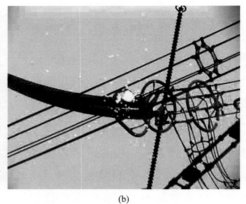

（a）　　　　　　　　　　　　　（b）

图 3-12　异常状态下的红外检测和紫外检测结果
（a）红外检测结果；（b）紫外检测结果

（三）力学性能评价

1. 锁紧销检测

锁紧销检测方法：对于采用球窝连接的绝缘子，把绝缘子连接成两个元件的串，锁紧装置置于锁紧位置。然后施加与运行所能受到的类似的运动，检查绝缘子串或球头连接件，不应有连接脱开。锁紧装置置于锁紧位置，负荷逐渐增大，直至锁紧销移动到连接位置。从锁紧位置移动到连接位置的操作应连续进行三次。记录每次使锁紧销从锁紧位置移动到连接位置的负荷 F。施加标准中所示的负荷最大值，锁紧销不应从窝里完全拉脱。选取某线路 2016 年的大吨位玻璃绝缘子样本，通过对试验玻璃绝缘子锁紧销检测，发现其锁紧销符合标准和产品图样规定，具体检测结果如表 3-3 所示。

表 3-3　　　　　　　　　　　　　　　　绝缘子锁紧销检测

编号	试品型号	至连接位置拉伸负荷（N）		
		第一次	第二次	第三次
1	LXY1-550（530）D	692	1000	1291
2	LXY1-550（530）D	1443	1509	1375
3	LXY1-550（530）D	901	737	771
4	LXY1-550（530）D	454	543	551

2. 机械破坏负荷试验

机械破坏负荷试验是检测绝缘子运行特性的一项重要指标。机械破坏负荷试验结果差的产品，随着运行时间的增长，其机械强度会呈现逐渐降低趋势。选取某线路 2016 年的大吨位玻璃绝缘子样本进行机械破坏负荷试验，机械破坏负荷是体现玻璃绝缘子机械特性的重要参数，尤其是对于运行绝缘子抽检分析，其试验结果对判定绝缘子的运行状况十分重要。对样品绝缘子施加拉伸负荷，该负荷平稳、迅速地从零增加至约为规定机械破坏负荷的 75%，

然后以每分钟 $10\%\sim35\%$ 额定机械破坏负荷的速率逐步增加直至绝缘子发生破坏，记录该破坏负荷值。机械破坏负荷试验结果的判定与瓷绝缘子相同，均为按照式（2-1）进行判定。机械破坏负荷试验现场图如图 3-13 所示，玻璃绝缘子机械破坏负荷试验结果如图 3-14 所示。

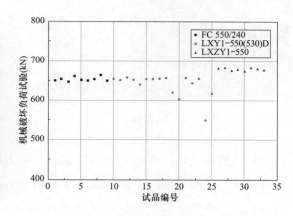

图 3-13　机械破坏负荷试验现场图　　　图 3-14　玻璃绝缘子机械破坏负荷试验结果

从图 3-14 可以看出，FC550/240 和 LXZY1-550 玻璃绝缘子机械破坏负荷试验结果一致性较好，LXY1-550（530）D 的机械破坏负荷试验结果分散性最大。

表 3-4 玻璃绝缘子机械破坏负荷试验结果判定

型号	SFL	$\overline{X}_1$	σ_1	结果
FC550/240	550	654.0	5.84	$\overline{X}_1 > SFL + C_1\sigma_1$
LXZY1-550	550	639.6	29.15	$\overline{X}_1 > SFL + C_1\sigma_1$
LXY1-550（530）D	550	679.5	3.25	$\overline{X}_1 > SFL + C_1\sigma_1$

从表 3-4 可以看出，三种型号的取样绝缘子均满足 $\overline{X}_1 > SFL + C_1\sigma_1$ 的判定条件，样本绝缘子的机械破坏负荷抽样试验结果满足规程要求。从机械破坏负荷数值来看，绝缘子机械破坏负荷均在额定机械破坏负荷之上，FC550/240 和 LXY1-550（530）D 具有较大的机械裕度。

3. 残余机械强度试验

玻璃绝缘子由于自爆、恶意破坏或其他原因造成玻璃伞裙损伤，将导致包括帽内部分所有玻璃体全部破碎成小块，进而导致绝缘子机械强度下降。残余机械强度试验是检验盘形绝缘子该项性能的重要试验。

为了检验某批次绝缘子的钢脚、钢帽部分强度，抽取绝缘子样品中一批绝缘子进行温度循环试验后，使用铁锤敲掉绝缘子的伞盘，钢帽最大直径外不存在伞盘剩余部分，拉伸负荷平稳、迅速地从零增加到规定机电破坏负荷的约 40%，然后以每秒规定机电破坏负荷 $0.5\%\sim1\%$ 的速率逐步增加直至发生破坏。试验样品如图 3-15 所示。试验结果如图 3-16 所示。

图 3-15　试验样品

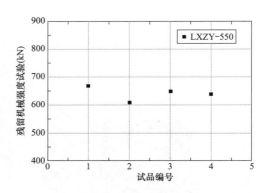

图 3-16　绝缘子残余机械强度试验结果

测试产品的额定机械负荷为 550kN 试验结果表明，抽取的绝缘子样品其残余机械强度均满足标准要求，残余机械最大破坏负荷值是额定值的 1.1～1.2 倍，完全满足标准的试验要求，这与该线路多年来未出现绝缘子串掉串的现实情况相符合。残余机械强度破坏形式如表 3-5 所示。玻璃绝缘子由于玻璃件上制作有螺纹，增加了玻璃件与钢帽之间的水泥胶装的接触面积，其机械破坏负荷随之升高。

表 3-5　　　　　　　　　　　　　　残余机械强度试验结果

绝缘子型号	材质	试验数量（片）	破坏形式	
			钢脚延伸	分离
LXZY-550	玻璃	4	4	0

（四）电气性能评价

1. 体积电阻试验

直流绝缘子的各项性能指标中，体积电阻的测量是直流高压绝缘子性能测试中的一个重要部分。直流绝缘子体积电阻的大小，除取决于材料本身组成的结构外，还与测试时的温度、湿度、电压和处理条件有关。体积电阻越大，绝缘性能越好。随着特高压直流输电技术的快速发展，直流绝缘子的性能测试越发显出其重要性。

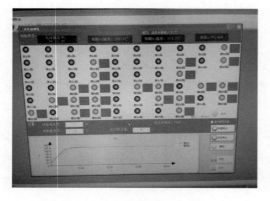

图 3-17　测控软件界面

体积电阻的测量是在试验绝缘子钢帽温度达到（120±2）℃后 2h，施加电压 15min 后测量并记录，体积电阻取每个绝缘子三次读数的平均值。测控软件界面如图 3-17 所示。

2. 冲击过电压击穿耐受试验

雷击是造成输电线路绝缘子劣化的重要原因之一。因此，绝缘子的冲击过电压耐受能力直接影响绝缘子的性能和使用寿命。在抽取的绝缘子中选取一批进行冲击过电压击穿耐受试验，试验回路原理图及试验现场图分别如图 3-18 和图 3-19 所示。

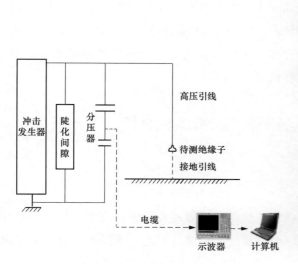

图 3-18　试验回路原理图

图 3-19　试验现场图

在单片绝缘子上以 5 次正极性冲击过电压和 5 次负极性冲击过电压为一组，先后施加两组冲击过电压，冲击电压发生器输出两次冲击电压间隔控制为 2min，试验所用典型正、负极性陡波波形如图 3-20 所示。

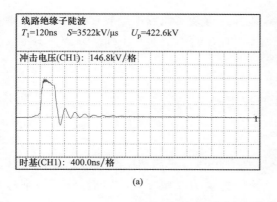
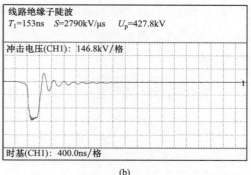

(a)　　　　　　　　　　　　　　(b)

图 3-20　绝缘子冲击过电压击穿耐受试验典型电压波形

(a) 正极性电压波形；(b) 负极性电压波形

绝缘子冲击过电压击穿耐受试验结果如表 3-6 所示。

表 3-6   绝缘子冲击过电压击穿耐受试验结果

绝缘子型号	材质	试验数量	击穿数量	样品击穿占比
FC550/240	玻璃	5	2	40%
LXY1-550（530）D	玻璃	8	0	0%

　　某厂生产的 FC550/240 玻璃绝缘子实际共有 5 片，包含了 3 片在运绝缘子和 2 片出厂新绝缘子，在运绝缘子未击穿，2 片出厂绝缘子击穿了，在运绝缘子样品击穿占比为 0，出厂绝缘子样品击穿占比 100%。LXY1-550（530）D 绝缘子共 8 片，击穿数量为 0，击穿率为 0。

　　玻璃绝缘子的冲击过电压击穿机理与瓷绝缘子相同，均为在材料内的电荷累积效应下，随着施加脉冲电压的增长，导致气体电离引发。

第三节　玻璃绝缘子典型故障案例分析

一、玻璃绝缘子集中自爆案例分析

　　玻璃绝缘子的自爆特性能实现缺陷绝缘子的自淘汰，因此可以免去测零工作，但实际运维中也出现过玻璃绝缘子集中自爆，造成绝缘子串污耐受能力不足、不满足带电作业要求等情况，不利于线路安全稳定运行。

　　玻璃绝缘子产生集中自爆的原因可分为外部运行环境原因与产品自身质量原因两类，实际案例往往同时存在两种原因。

　　外部运行环境原因主要是污秽和温差变化。在积污、受潮和电场三者同时作用下，绝缘子表面泄漏电流过大，产生部分干带，干带位置发生空气击穿时，产生的电弧将蚀伤玻璃伞裙，当蚀伤深度较深时将造成自爆。

　　产品自身质量原因主要是玻璃绝缘子玻璃件内部含有杂质颗粒，当杂质颗粒的直径小于一定值时，可能无法通过冷热冲击予以剔除，但在长期运行中仍会产生细微裂纹，裂纹逐渐扩展导致自爆。

（一）外部运行环境引发玻璃绝缘子集中自爆案例

1. 自爆基本情况

　　某 220kV 线路全线共计 36 基铁塔，为双回垂直排列，穿越钢厂等重度污染区。其中 3～6 号杆塔全部为耐张塔，地处钢厂新区，外绝缘配置为双串 20 片玻璃绝缘子，型号为 LXY-120。线路 2～4 号杆塔通道附近为钢厂一条原料输送皮带走廊。自改建段投运以来发生了 2 次绝缘子集中自爆情况，发生在 3、5 号杆塔。

　　某年 5 月 13 日，运维人员在月度巡视时发现该线路 3 号塔下相横担侧第 9 片、导线侧第一片、中相导线侧第一片玻璃绝缘子自爆，如图 3-21 所示，同时 5 号塔中相第一串横担第 4

片各有一片绝缘子自爆。5 月 29 日对该线路全线进行红外检测时，发现线路 3 号塔又有 4 片绝缘子自爆。该年 7 月 11 日，利用该线路停电机会，对自爆绝缘子进行了更换处理，并对部分重污段绝缘子进行清扫和更换。

该年 12 月 9 日，运维人员在正常巡视中再次发现该线路 3、4 号杆塔绝缘子自爆，在不到一个月的时间内线路 3 号杆塔绝缘子共自爆 15 片。

图 3-21　3 号塔玻璃绝缘子自爆

2. 试验分析

为了分析故障原因，取下 3 串绝缘子进行了抽样试验，抽样试验项目主要有温度循环试验、机械破坏负荷试验、残留机械强度试验、热震试验、击穿耐受试验（油中）、打击负荷试验、污秽成分分析等。

其中，温度循环试验、机械破坏负荷试验、残留机械强度试验、热震试验、击穿耐受试验（油中）、打击负荷试验均合格，表明绝缘子本身质量不存在问题。

污秽度测试表明，绝缘子平均盐密为 $0.087mg/cm^2$，平均灰密为 $2.1mg/cm^2$，等值盐密并没有超出污区等级，但是污秽成分分析表明，绝缘子表面污秽中含有大量的铁粉，如表 3-7 所示。

表 3-7　　　　　　　　　　　　污 秽 成 分 分 析

元素	玻璃绝缘子表面污秽（%）	绝缘子串下方地面污秽（%）
C	6.2	8.4
O	1.6	7.1
Mg	0.1	0.1
Al	0.4	0.1
Si	1	1
S	1	1
K	0.2	—
Ca	3.8	63.9
Ti	0.3	—
Fe	85.5	18.6

3. 自爆原因分析

从试验结果得出，绝缘子的试验指标均满足标准要求，这说明绝缘子的质量良好。对玻璃绝缘子进行污秽度测量，结果显示绝缘子的受污染程度并不是十分严重，但从玻璃绝缘子表面污秽物成分化学分析结果看，在污秽物中含量最高的为铁元素，占 85.5%，其次为碳和钙，分别占 6.2%、3.8%，其他元素均为微量，因此可以判定大部分的铁元素在污秽物中不是以离子的形式存在的，而是以铁单质的形式存在。因此，在进行绝缘子污秽度测量时，铁单质不能溶于水,不增大溶液的电导率,但以不溶物的形式呈现。而铁本身是良好的导体,铁覆盖在玻璃绝缘子表面,导致绝缘子绝缘能力下降,加上可溶物在潮湿环境下的影响,会出现污秽放电。分析认为:自爆原因为在积污、受潮和电场三者共同作用下,玻璃绝缘子表面泄漏电流过大,烘干的局部表面电阻骤增,温度上升,而湿润表面仍处在常温,时间一长则会造成玻璃体局部受热不均匀。同时泄漏电流产生的热使玻璃件上的水被蒸发,在玻璃件表面上形成干燥带,干燥带常出现在钢脚附近,由于钢脚处电场场强最集中,电压引起的电弧在跨越干燥带时在玻璃件局部形成电晕,长时间的电晕导致靠近钢脚附近的玻璃件局部损伤破皮,长期的电晕损伤钢脚附近玻璃件,当损伤到表面钢化层一定深度时,成为绝缘子自爆的起始点。污秽增多,在泄漏电流产生的局部热应力和电弧灼伤的共同作用下,导致此次钢化玻璃绝缘子出现集中自爆现象。

(二)产品质量造成玻璃绝缘子自爆案例

1. 自爆基本情况

某年 9 月 18 日,巡视人员发现某 500kV 线路 284 号塔左相自爆 4 片的紧急缺陷。该线路全长 122.7km,为某电厂至变电站的一条超高压交流输电线路,共有铁塔 308 基,1987 年 4 月建成投入运行。283 号塔绝缘配置为 27×FC160P/155,284、285 号塔目前绝缘配置为 25×FC160P/155,均为某厂生产的玻璃绝缘子,2001 年安装使用。

在该年 8 月 13 日至 23 日该线的 8 月巡视中,未发现绝缘子异常情况。在 9 月巡视中发现,该线 283 号塔左相第 6 片玻璃绝缘子自爆,中相第 17 片玻璃绝缘子自爆;284 号塔左相第 6、11、16、20 片玻璃绝缘子自爆,中相第 15、19 片玻璃绝缘子自爆,右相第 4 片玻璃绝缘子自爆。后在停电检查中发现,284 号塔左相有 5 片、中相 6 片、右相 7 片,285 号中相 5 片玻璃绝缘子内裙边存在局部爆裂现象。绝缘子自爆现场如图 3-22 所示。

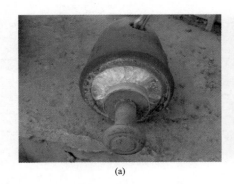 

(a)　　　　　　　　　　　　　　(b)

图 3-22　绝缘子自爆现场图

(a) 自爆后的绝缘子;(b) 拆卸过程中炸裂的绝缘子

2. 自爆原因分析

该线路 283~285 号塔地处农田,距国道约 2km,西侧 500m 处有一取土厂,283 号塔至

284号塔之间运土车辆较多灰尘较大,其余未发现明显污染源。从走访沿线群众、义务护线员的情况看,发现有绝缘子局部放电现象。从气象局统计的天气情况来看,9月19日几天内,该地区晴到多云,偏北风3级,气温在20~29℃。

该线于该年5月22~25日进行过停电检修、清扫,运检公司对停电检修采取了严格的质量控制措施,清扫质量符合要求,本次更换时发现绝缘子积污较重,表明钟罩型玻璃绝缘子有易积污、自洁性能差的缺点。

钢化玻璃绝缘子具有较好的机电性能,其抗拉强度、耐电击穿性能、耐振动疲劳、耐电弧烧伤和耐冷热冲击性能,玻璃绝缘子具有零值自爆不掉串(其残留机械强度较高,不易发生掉串事故),不须检零测试等优点。但是,玻璃绝缘子也存在着缺陷。首先,钢化玻璃因极少数片中含有硫化镍杂质、钢化层厚度不均而自行爆碎。如钢化后没有进行特殊的热处理,就是这些少数片,可能在几个月内爆碎,也可能在几年后爆碎。其次,钢化玻璃的平整度没有钢化前那么好。再次,有时可隐约甚至明显看见钢化玻璃上的应力纹,一般不能再加工。最后,对于钢化玻璃绝缘子二次组装中存在应力集中情况时,在绝缘子运行中自爆率相对较高。

在架空线路中的绝缘子,经过一段时期运行后,随时间的增长其绝缘性能下降或丧失机械支撑能力,从而使零值或低值绝缘子不断产生,发生绝缘子的老化或劣化。绝缘子的劣化与其绝缘体的结构有关,结构不致密、多晶体共存难免有细微的空隙布满玻璃件内,在长期的无规律的导线振动(或舞动)下,由导线传递给绝缘子,使玻璃件内微孔逐渐渗透而扩展成小裂纹,进而扩大以致开裂。在强电场的作用下极易产生电击穿,最终造成机械强度和绝缘的下降,以致变成零值。线路导线的绝缘依赖于绝缘子串,由于制造缺陷或外界的作用,绝缘子的绝缘性能会不断劣化,通常当绝缘电阻降低到低于300MΩ以下时称为低值或零值绝缘子。为了进一步分析自爆原因,对自爆后绝缘子进行了绝缘电阻测量,结果如表3-8和表3-9所示。

表3-8 　　　　　　　FC160P/155玻璃绝缘子残留绝缘电阻值　　　　　(单位:MΩ)

序号	1	2	3	4	5	6	7	8	9	10	11
数值	0.005	0.006	0.01	0.011	0.008	0.004	0.009	0.006	0.007	0.008	0.01

表3-9 　　　　　　　FC160P/155局部爆裂玻璃绝缘子绝缘电阻值　　　　(单位:MΩ)

序号	1	2	3	4	5	6	7	8	9	10	11	12
数值	2500	2000	2100	2200	2400	2000	2300	2000	2200	2500	2500	2400

完好玻璃绝缘子的绝缘电阻通常在2500~3000MΩ,在外力将绝缘子破坏损坏、破碎后,绝缘子残留绝缘电阻也在1200~1600MΩ之间。试验结果与玻璃绝缘子生产厂家的结论一致。

根据以上分析,对于该500kV线玻璃绝缘子来说,该批次玻璃绝缘子存在加工时材料杂质、玻璃厚度不均、应力集中等质量问题，在运行中出现加速老化，同时 FC160P/155 绝缘子由于形状原因，空气动力不足、易积污，使玻璃绝缘子出现局部闪络，在交变温度变化中，造成了绝缘子集中自爆现象。

（三）产品质量与外部运行环境共同造成玻璃绝缘子自爆案例

1. 自爆基本情况

某±800kV 直流线路于某年 8 月 21 日投运，N 省段线路长度 82.548km，杆塔数量为 160 基，其中直线塔 131 基，耐张塔 29 基。N 省段直线塔悬垂串和耐张塔跳线串均采用复合绝缘子 V 形串，L 换流站进出线档耐张串采用双联 550kN 盘形瓷绝缘子，其余 27 基耐张塔采用四联 550kN 盘形玻璃绝缘子，共 32808 片，绝缘子型号为 LXZY1-550，全部涂覆防污闪涂料。

线路投运前发现玻璃绝缘子自爆 5 片，自爆率为万分之 1.5，投运后 10 月巡视发现玻璃绝缘子共计自爆 29 片，11 月巡视发现玻璃绝缘子共计自爆 44 片，12 月底又发现玻璃绝缘子自爆 5 片。截至目前，检测发现玻璃绝缘子自爆 215 片，总自爆率为万分之 65.5，远高于规程要求。L 线玻璃绝缘子自爆现场图见图 3-23。

图 3-23　L 线玻璃绝缘子自爆现场图

2. 自爆原因分析

对玻璃绝缘子自爆沿串分布情况进行统计如图 3-24 所示，图中左侧为导线端，右侧为杆塔端。

由图 3-24 发现，绝缘子串高压端、低压端的绝缘子自爆率远高于中间位置，绝缘子串电场强度分布规律同样表现为两端高、中间低，呈现为马鞍形，自爆绝缘子数量的沿串分布与绝缘子表面的电场分布具有较高的契合度。电场强度较高时，绝缘子表面在污秽、潮湿环境下表面电流泄漏产生电弧放电形成局部温差，容易使绝缘子内部热应力不均匀，从而引起玻璃绝缘子自爆。

该线路玻璃绝缘子厂家之间存在明显的差异性，玻璃绝缘子自爆率差异较大（见图3-25）。产品自身质量问题是线路玻璃绝缘子集中自爆的重要原因。玻璃绝缘子经钢化处理后，玻璃件内层获得张应力，表面层形成压应力，这两层应力在玻璃件内相对平衡和均匀分布。在制造中，若杂质分布在内张力层时，产品制成后的一段时间内，部分会发生自爆，故制造单位在产品制造后应存放一段时间，以便发现制造中存在的质量隐患。若杂质或结瘤分布在外压缩层，在输电线路上运行一段时间后，在强烈的冷热温差和机电负荷作用下，有可能引发玻璃绝缘件自爆。

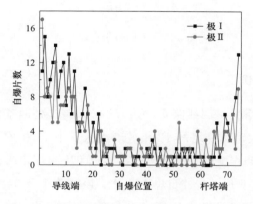

图 3-24　N省段玻璃绝缘子自爆沿串分布情况

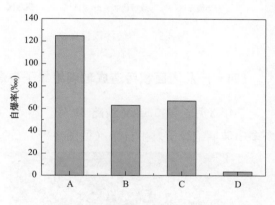

图 3-25　不同厂家产品自爆率

从自爆片数来看，线路自爆的玻璃绝缘子处于 c 级污区最多，b 级污区其次，e 级污区最少；不同污区安装片数不同，统计不同污区的自爆率（见图3-26），b 级和 c 级污区玻璃绝缘子自爆率也大于 d 级和 e 级污区。自爆率从低级污区到高级污区呈现越来越低的现象，这与一般认为的严重污秽下更容易引起积污从而导致绝缘子自爆有明显不同，可能是不同污区使用的绝缘子质量问题导致的。

玻璃绝缘子在运行中发生自爆与污秽有关，在积污、受潮和电场综合作用下，玻璃绝缘子极有可能发生自爆。玻璃绝缘子自爆受表面积污影响，但并不一定污秽等级越高，就越容易发生自爆。

在投入运行中，线路玻璃绝缘子的自爆情况随月份变化较大，为了揭示其规律，统计玻璃绝缘子自爆的月份，分析绝缘子自爆与月份的关系，如图3-27所示。

线路投运于8月，气温较高且昼夜温差大，玻璃绝缘子受温度和昼夜温差变化的影响，持续高温或温度由冷到热变化，冷热不均导致发生集中自爆现象。另外，该线路采用大截面导线，水平拉力较大，导线由于热胀冷缩所受拉力在逐渐变化，机械荷载的变化对玻璃绝缘子自爆率造成一定影响。

综合上述分析，产品自身质量、外部环境污秽的共同作用可能是导致该次绝缘子自爆率过高的原因。

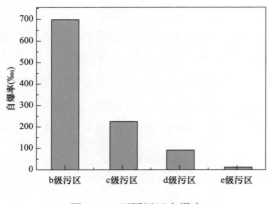

图 3-26　不同污区自爆率　　　　　　　　图 3-27　不同月份自爆片数

（四）产品表面积污造成玻璃绝缘子自爆案例

某年 8 月，某 500kV 线路 69 号、70 号（同塔另一回线路 70 号、71 号）跨江处两基杆塔多串玻璃绝缘子发生自爆（见图 3-28），两基大跨越杆塔的 12 相玻璃绝缘子中 11 相均有

图 3-28　发生玻璃绝缘子集中自爆的杆塔

不同程度的绝缘子自爆，其中单串自爆最多的达 16 片，合计自爆 140 片。该线路于 2004 年 2 月正式投入运行，采用玻璃绝缘子，并于 2009 年涂覆了 PRTV，同批玻璃绝缘子共投运 1632 片。

1. 现场巡视情况

该年 6、7 月，运维人员分别针对以上两基跨江塔进行了正常巡视，未发现绝缘子自爆情况。8 月，再次巡视时发现以上两基杆塔多

串绝缘子发生自爆。从巡视结果来看，以上两基杆塔的玻璃绝缘子自爆时间主要集中在 7月。从玻璃绝缘子集中自爆地区 7 月的天气情况来看，7 月上、中旬天气主要为持续雨天，7月下旬天气主要为持续晴天，其中 7 月中旬出现了大到暴雨天气。

2. 现场污源情况

经调查，69 号杆塔右侧约 3km 处有采石场和水泥厂各一座，采石场和水泥厂的部分运输车辆会经过 69 号杆塔旁边的县道。由于灰尘的长期污染，此处绝缘子积灰程度较严重。检测人员针对更换下来的玻璃绝缘子进行了污秽度测量，平均盐密为 0.174mg/cm²，灰密为 2.506mg/cm²，根据 Q/GDW 1152.1—2014《电力系统污区分级与外绝缘选择标准　第 1 部分　交流系统》，其积污等级达到 e 级。

3. 玻璃绝缘子集中自爆原因分析

（1）本次玻璃绝缘子积污情况分析。本次集中自爆的玻璃绝缘子均于 2009 年涂覆了

PRTV，运维期间未进行过清扫，表面积污严重，如图 3-29 所示。经盐密和灰密检测表明，该绝缘子积污达到 e 级。

图 3-29 积污严重的玻璃绝缘子

69 号杆塔右侧约 3km 处有采石场和水泥厂各一座，属于典型的空气污染源。采石场和水泥厂的部分车辆经过 69 号杆塔旁边的县道，扬尘十分严重，使得 69 号杆塔附近空气污染物浓度相对较高。另外，由于该线 69～70 号塔跨越汉江，周围空气湿度较大，使得绝缘子更易于积污；另一方面，69～70 号塔玻璃绝缘子于 2009 年涂覆了 PRTV，已运行 7 年，表面 PRTV 图层存在脱落和起皮现象，防污性能明显减弱，在湿润的条件下对空气粉尘等微粒更具有吸附作用。日积月累，致使 69～70 号塔绝缘子积污严重。

相对于 69～70 号塔的相邻杆塔，69 号和 70 号跨江，周围空气潮湿，且为直线型杆塔；而相邻的 68 号和 71 号杆塔离江相对较远，且为耐张塔，绝缘子积污相对 69 号和 70 号塔绝缘子较轻。

（2）本次玻璃绝缘子积污情况分析。从本次自爆玻璃绝缘子"残锤"来看（见图 3-30），残锤上的碎玻璃渣呈明显的鱼鳞状，可初步判断自爆起始位置位于玻璃件靠近钢帽底部附近。

（3）本次玻璃绝缘子自爆原因排查。该批玻璃绝缘子已运行近 13 年，本次自爆时间和地点非常集中，数量较大，且从自爆玻璃绝缘子"残锤"形状来看，自爆起始位置位于玻璃件靠近钢帽底部附近，而非玻璃件的头部，不符合钢化玻璃绝缘子一般自爆的规律，可以排除由产品本身质量问题引发的自爆。

图 3-30 本次自爆玻璃
绝缘子的"残锤"

对本次自爆玻璃绝缘子的"残锤"以及还没有破碎的绝缘子进行仔细检查，未发现有任何外力打击破坏的痕迹，排除产品遭外来机械应力打击破坏的可能性；未发现有任何工频大电弧的迹象，与线路没有发生闪络的情况是一致的，可以排除工频电弧引发钢化玻璃绝缘子集中破碎的可能性；未发现玻璃件内棱上有损伤痕迹，可排除因电应力对玻璃绝缘子的机械方式破坏的可能性。

（4）本次玻璃绝缘子自爆原因分析。本次自爆玻璃绝缘子"残锤"上的碎玻璃渣呈明显的鱼鳞状，可初步判断自爆起始位置位于玻璃件靠近钢帽底部附近。

69 号和 70 号杆塔附近存在采石场和水泥场等污染源，日积月累，使得玻璃绝缘子积污严重。本次集中自爆的玻璃绝缘子均涂覆了 PRTV 涂料，长时间的泄漏电流使 PRTV 涂层逐渐劣化，劣化的 PRTV 涂料在潮湿的天气更容易快速积污。

7 月上、中旬事发地区天气主要为持续雨天，足够的水量将钟罩型绝缘子内表面的污秽物浸湿，使其变成导电体并产生更大的泄漏电流；泄漏电流产生的热使玻璃件上的水蒸发，在玻璃件表面形成局部"干带"，绝缘子内表面积污严重使得"干带"集中出现在钢脚附近，电压引起"干带"产生局部电弧，长时间的局部电弧造成玻璃绝缘子表面泄漏电流分布极不均匀，使得玻璃体局部受热极不均匀，从而导致集中在一段时间内且地点集中的玻璃绝缘子大量自爆。

二、玻璃绝缘子掉串案例分析

玻璃绝缘子一般不会发生雷击掉串，一方面是由于自爆特性，运维人员能够提前更换含缺陷绝缘子；另一方面即使自爆玻璃绝缘子未更换时发生雷击，放电电弧一般会从残锤表面通过，能量不会通过绝缘子内部，不会造成绝缘子炸裂。但是极端情况下，玻璃绝缘子也有发生掉串的案例。

1. 故障概况

某年 4 月 4 日，某 500kV 输电线路发生跳闸事故，故障时为雷雨天气，经现场巡线发现为该线路 N38 杆塔 B 相玻璃绝缘子遭受雷击闪络，并且发生掉串事故，横档侧第 9 片以下绝缘子掉串，地面绝缘子 18 片。

掉串玻璃绝缘子如图 3-31 所示，对掉串玻璃绝缘子（型号：U300BP）进行外观检查，发现其钢帽内外侧、埋在玻璃件里的钢脚均有电弧灼烧痕迹，而暴露在玻璃件外侧的钢脚无电蚀痕迹，钢帽内部玻璃件和水泥胶合剂全部脱落，伞裙破裂，从外观检查可以初步判断，有大电流从玻璃绝缘子钢帽内部经过，且产生了一定的热灼伤。

图 3-31　掉串玻璃绝缘子

2. 试验分析

对同批次玻璃绝缘子进行了机械破坏负荷、残余强度试验、陡波冲击试验，上述试验结果均符合规程要求，判断绝缘子本身力学性能、电气性能合格。

为分析断串原因，将残锤绝缘子与完好绝缘子进行组装，残锤位于两片完好玻璃绝缘子中间，并在组装绝缘子下部安装模拟导线以施加雷电冲击电压，利用高速相机进行雷电冲击放电路径观测，试验布置如图 3-32 所示。

首先对干燥残锤进行试验，结果发现所有的放电路径均位于残锤表面，而后对潮湿残锤进行试验，发现残锤表面放电不明显，且放电点的形态与干燥残锤的放电点也有不同；同时

图 3-32　残锤雷击放电路径试验布置

对干燥、潮湿残锤试验前后的绝缘电阻进行测试，发现干燥残锤试验前后绝缘电阻维持在 149MΩ 左右，而潮湿残锤试验前后绝缘电阻由 3MΩ 显著增加至 21MΩ，绝缘电阻明显增大，判断潮湿残锤在承受雷电冲击电压时，内部有较多能量注入。

3. 掉串原因分析

在正常情况下，玻璃绝缘子伞裙未自爆时，玻璃绝缘子钢帽内部内绝缘水平远大于其外绝缘水平，玻璃绝缘子闪络时，电弧通道建立在绝缘子钢帽、伞裙、钢脚之间的沿面或空气间隙，属外绝缘击穿；当玻璃绝缘子内绝缘出现劣化时，因为其具有"零值自爆"的特点，玻璃绝缘子伞裙会产生自爆，减少了外绝缘的闪络通道距离，电流的通道一般是从钢帽边缘和钢脚杆径之间直接拉弧，从一定程度上降低了闪络时电流弧道从钢帽内部经过的概率，但是从理论上分析，玻璃绝缘子一旦自爆，其钢帽内部的绝缘可能会大大降低，当内绝缘水平小于或和外绝缘水平相差不多时，电弧通道就有可能从玻璃绝缘子钢帽内部经过，一旦短路电流较大，其在钢帽内部产生大量的热能，使内部温度急剧上升，导致钢帽炸裂或钢脚抽芯，从而发生掉串事件。

从外观检查可以初步判断，掉串玻璃绝缘子钢帽内部有大电流流过的痕迹；从机械负荷和残余强度试验判断，机械性能不是导致本次掉串的原因；从干燥和潮湿残锤的雷电冲击放电路径试验及前后绝缘电阻测试判断，潮湿到一定程度的残锤的绝缘强度已经低于空气外绝缘强度，在遭受雷电冲击作用时，雷击放电路径可能从残锤内部通过，在后续工频续流的作用下，残锤内部玻璃件发热膨胀、炸裂，最终导致断串。

一般地，玻璃绝缘子自爆后其残锤仍能提供完好绝缘子80％的机械强度，因此自爆与断串的直接关联并不大，但是结合本次故障案例的分析与实验模拟，残锤在雷击情况下仍有一定概率发生断串，因此自爆后玻璃绝缘子自爆后应尽快更换。

三、玻璃绝缘子污闪案例分析

1. 事件概况

某年 11 月 3 日早晨 6 时 30 分，甲线 C 相污闪跳闸，重合成功。两套高频距离保护动作，故障测距 33.5km，故障点为该线的 19 号塔 C 相。

11 月 6 日早晨 6 时 55 分，甲线又一次 C 相污闪跳闸，重合成功。两套高频距离保护动作，故障测距 33.6km，污闪点仍为 19 号塔的 C 相，随后停电更换了污闪串（双串）绝缘子，同时将 14～19 号塔绝缘子串统一都加到 30 片，并且对 14～23 号塔的绝缘子串进行了清扫。

11 月 6 日早晨 6 时 15 分，乙线 B 相污闪跳闸，重合成功。故障点为该线的 126 号塔 B 相（中相双串）。后因天气和系统停电原因至 11 月 15 日更换了 126 号塔三相绝缘子串，三相都换上双串复合绝缘子。

500kV 甲线线路长度为 38.990km，全线双回路同杆架设，杆塔总基数为 99 基，其中直线铁塔 73 基，耐张铁塔 26 基。

按照 J 市地区电网污秽分布图划分的污秽区域及甲线绝缘配置如表 3-10 所示。

表 3-10 　　　　　　　　　　　　故障前甲线绝缘配置表

起迄杆塔号	线长（km）	污秽等级	要求爬电比距（cm/kV）	配置爬电比距（cm/kV）
1～18 号	5.689	Ⅲ	2.5	2.52～2.626
19～77 号	25.167	Ⅱ	2.3	2.328～2.7
78～99 号	8.134	Ⅲ	2.5	2.52～2.7

2. 试验分析

甲线 19 号塔 C 相在 11 月 3 日和 11 月 6 日发生两次污闪跳闸后，在 11 月 6 日下午停电更换了污闪绝缘子串（双串），11 月 7 日对污闪绝缘子串进行盐密测试。测试结果如表 3-11 所示。

表 3-11 　　　　　　　　　　　　甲线 19 号塔污秽测试结果

绝缘子串片号	上表面盐密（mg/cm²）	下表面盐密（mg/cm²）	总表面盐密（mg/cm²）
大号 2	0.068	0.29	0.24
大号 3	0.08	0.23	0.182
大号 15	0.074	0.263	0.191
大号 16	0.067	0.23	0.185
大号 26	0.039	0.28	0.21
大号 27	0.054	0.237	0.244
平均	0.064	0.255	0.21
小号 2	0.09	0.293	0.253
小号 15	0.06	0.26	0.19
小号 27	0.03	0.23	0.17
平均	0.06	0.261	0.204

乙线 126 号塔 B 相 11 月 6 日发生污闪跳闸后，在 11 月 15 日对停电更换下来的污闪绝缘子串（双串）进行盐密测试。测试结果见表 3-12。

表 3-12　　　　　　　　　　　　　　乙线 126 号塔盐密测试结果

绝缘子串片号	上表面盐密（mg/cm²）	下表面盐密（mg/cm²）	总表面盐密（mg/cm²）
126 号塔 B 相盐密测试数据			
大号 2	0.014	0.35	0.26
大号 3	0.014	0.39	0.31
大号 15	0.01	0.41	0.32
大号 16	0.01	0.41	0.32
大号 26	0.009	0.47	0.36
大号 27	0.014	0.46	0.36
平均	0.012	0.415	0.32
126 号塔 A 相盐密测试数据			
大号 2	0.015	0.32	0.23
大号 3	0.01	0.42	0.33
大号 15	0.007	0.40	0.31
大号 26	—	0.34	—
大号 27	0.006	0.45	0.344
平均	0.01	0.386	0.304

3. 原因分析

对于此三次污闪跳闸，污闪绝缘子串所在地区的污秽等级均为Ⅱ级，按照污区图的爬电比距要求为 2.3cm/kV，污闪绝缘子串的视在外绝缘爬电比距都已达到 2.52cm/kV，满足污区图外绝缘配置的要求。从表面上看，上述绝缘子串的外绝缘爬距配置似乎没有问题。但钟罩型绝缘子在粉尘类地区使用，其爬电距离有效利用系数的 K 值应取 0.8~0.9。在 2.3cm/kV 污秽地区按 K 值取 0.9 计算，根据双串绝缘子的耐污电压降低 6%~10% 的特点，在外绝缘配置时外绝缘爬距应提高 10% 来考虑，其爬电比距应该达到 2.3cm/kV×1.1/0.9≈2.81cm/kV 的水平，即每片爬距是 450mm 的钟罩型绝缘子至少应配到 32 片而非 28 片。

甲线和乙线投运仅仅 1.5~2.0 年时间就发生污闪。污闪绝缘子串的附盐密度分别达到 0.21mg/cm² 和 0.32mg/cm²。在如此短的时间内，钟罩型绝缘子积污就有如此高的数值，充分说明钟罩型绝缘子积污速度快，同时印证了制造厂对钟罩型绝缘子使用场合的提示，对空气中含有粉尘类的地区不宜使用钟罩型绝缘子的说法。

钟罩玻璃绝缘子在风力场中，伞棱使伞裙下表面场发生畸变，气流遇到阻力后产生的湍流容易使空气中的尘埃粒子吸附在伞棱槽中，如图 3-33 所示，因此钟罩绝缘子下表面积污严重，尤其是在污秽物只含有高比例的 $CaSO_4$ 成分，很容易形成一层清洗不掉的污垢，一旦下表面被充分湿润，污层电导率增加后即可形成放电通道。

由于钟罩型绝缘子积污的特点，在选用钟罩型绝缘子时必须考虑它的有效利用系数。试验结果表明，不同造型绝缘子的积污特性有很大区别，污耐压水平也有明显的差别。其中空气动力型（双伞型和三伞型）绝缘子的积污量最少，约为普通型绝缘子的一半；钟罩型绝缘子的积污量最多，约为普通型绝缘子的 1.5 倍，这与线路的实际测量结果基本相同。虽然钟罩型绝缘子比普通型绝缘子的爬距增大 35％左右，但是由于钟罩型绝缘子的造型决定了它在粉尘类地区应用积污的严重，因而所增大的爬距被它的缺点抵消，实际上钟罩型绝缘子在粉尘类地区应用和普通型绝缘子的水平基本相当。

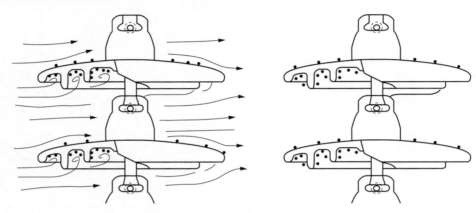

图 3-33　钟罩玻璃绝缘子积污原理图

上述分析说明，甲线和乙线绝缘子由于选用了钟罩型绝缘子，虽然外绝缘爬电比距达到了污区图要求的绝缘水平，由于钟罩型绝缘子的造型和积污特性决定了它的污闪电压水平，因而钟罩型绝缘子在粉尘类污秽地区应用，它的外绝缘水平实际并没有提高，按照有效利用系数的计算，它的外绝缘水平与普通型绝缘子相当，加之双串绝缘子污闪电压比单串绝缘子低 10％，实际的外绝缘水平远没达到所在地区污秽所需的绝缘水平。再加上清扫效果不明显，当绝缘子积污到一定程度，在大雾持续的情况下，容易发生污闪。

4. 防治措施

关于线路绝缘子的选型，全国防污闪专家工作组已经多次推荐使用上下表面平滑、积污量少、自洁性强、易于清扫的双伞型绝缘子。同时在选用玻璃绝缘子时，在污秽比较严重的地区，除空气动力型盘形悬式绝缘子外不得在直线串和耐张串上使用，空气动力型盘型悬式绝缘子可以在任何地区使用，同时应当遵从相应地区污秽水平爬距选择的要求。

四、玻璃绝缘子钢脚抽芯案例分析

1. 事件概况

某年 1 月 1 日，J 市送变电公司在对某线路进行绝缘子串吊装过程中，当一绝缘子串（33 片）被提升到离地面约 4m 高度时，其中一支绝缘子发生了抽芯脱落。该片绝缘子位于从横担下数的第 7 片，按绝缘子单片质量计算，第 7 片以下的 26 片绝缘子串静态负荷是 182kg，考虑到绝缘子串吊装时的冲击力较小，该片绝缘子总的受力不会超过 1000kg。

抽芯玻璃绝缘子型号为 FC210/170，额定负荷 210kN。

2. 试验分析

提取水泥抽芯绝缘子及同串上的 4 片绝缘子（临时编号 1、2、3、4 号）进行试验，进行水泥块外观检查、机械破坏负荷、水泥块成分测试、不同配比胶合剂测试。

（1）水泥块外观检查。通过仔细对比抽芯绝缘子水泥块和正常绝缘子水泥块（取自 1 号绝缘子），发现两者水泥块外观有些不同。抽芯水泥块上有圆形黄色区域和一些反常的白色斑点，如图 3-34 所示照片标示。

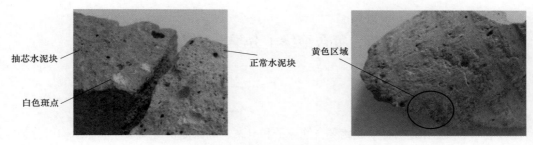

图 3-34　抽芯水泥块外观检查图

（2）绝缘子机械破坏负荷试验。1 号绝缘子机械破坏值 248.5kN，钢帽破坏，见图 3-35；2 号绝缘子机械破坏值 290.1kN，钢帽破坏；3 号绝缘子机械破坏值 267.2kN，钢脚破坏。

（3）抽芯绝缘子水泥块成分测试。用 X 射线光谱分析仪和电子显微镜，对抽芯绝缘子水泥块和正常绝缘子水泥块进行对比测试，发现抽芯绝缘子水泥块钾和钠的含量比正常绝缘子水泥块高。

图 3-35　绝缘子钢帽破坏情况

（4）不同配比胶合剂测试。光谱分析显示该添加剂成分过量使用产生的效果与抽芯绝缘子水泥块上观察到的情况相一致，即钾和钠的含量都过高。

在工厂进行三种剂量添加剂试验比较：

1）是正常水平 2 倍的添加剂，胶装时一切正常，力学性能测试完好。

2）是正常水平 5 倍的添加剂，胶装时一切正常，力学性能测试完好。

3）是正常水平 10 倍的添加剂，胶装时非常困难，3 个试品在 50％机械负荷试验时，其中 2 个发生抽芯，1 个发生脱帽。

在试验室进行的胶合剂样品中使用了 10 倍于正常水平的添加剂，观察到样品水泥的养护受到抑制。而正常剂量的胶合剂样品，观察其养护过程是良好的。

3. 抽芯原因分析

基于抽芯绝缘子和 1 号绝缘子水泥块的化学成分不同和力学性能的实际差异，分析认为发生绝缘子水泥抽芯是由于水泥块自身受到污染所致，胶装后造成该水泥强度明显低于正常值。

第四章　复合绝缘子技术及故障案例

第一节　复合绝缘子分类、结构及特点

一、复合绝缘子分类

复合绝缘子根据用途可分为线路复合绝缘子和电站、电器复合绝缘子，根据结构可分为棒形悬式复合绝缘子、针式复合绝缘子、横担复合绝缘子、支柱复合绝缘子、防风偏复合绝缘子等。

二、复合绝缘子结构

棒形悬式复合绝缘子为应用范围最广的复合绝缘子，由芯棒、伞裙护套、粘接层、金具和均压环组成。

芯棒是复合绝缘子机械负荷的承载部件，同时又是内绝缘的主要部分，要求它有很高的机械强度、绝缘性能和长期稳定性。玻璃纤维是芯棒的骨架，是主体。将玻璃纤维高温熔融成直径不大于 $10\mu m$、外表光滑的圆柱状纤维，其拉伸破坏应力高达 1500MPa。以环氧树脂为基体材料，通过硅类表面处理剂固化成形，将玻璃纤维黏合成整体，从而组成环氧玻璃引拔棒，以此来承受和传递机械负荷。

伞裙护套是复合绝缘子的外绝缘部分，其作用是使复合绝缘子具有足够高的防湿闪和污闪的外绝缘性能，同时，保护芯棒免遭外部大气的侵袭。复合绝缘子伞裙护套是以硅橡胶材料为基体，添加偶联剂、阻燃剂、补强剂、抗老化剂等填料经高温硫化而成。

导线的负荷是通过端部接球头传递至承受拉力的芯棒处的，端部连接处是复合绝缘子机械应力最集中的地方，不同连接结构导致不同程度的应力集中。采用芯棒相同、端部连接结构不同的产品，其机械强度也是不同的。因此端部连接结构质量的好坏直接决定芯棒高强度性能的发挥，也是充分利用芯棒强度和决定复合绝缘子机械特性的关键。

粘接层是用粘接剂将伞裙护套与芯棒粘接成一整体，是构成绝缘子内绝缘的一重要部分。我国早期生产的复合绝缘子伞裙护套与芯棒粘接采用胶装或挤包、伞裙分片粘接工艺，粘接剂采用常温固化粘接剂。这些粘接方法粘接界面多，粘接能力和密封性均较差。20 世纪90 年代后期逐渐向伞裙护套整体注射结构转变，采用高温固化粘接，提高了芯棒与护套的粘接性能，同时减少了粘接界面，确保了涂层的不渗透性，较好地保证了内绝缘强度。

端部密封层是将伞裙护套、芯棒和端部连接件三者之间的界面粘接为一整体，确保端部的密封性。端部界面密封质量的好坏直接影响复合绝缘子的电气性能和力学性能。

均压环是绝缘子上的重要部件，它具有使绝缘子轴线的电场进一步均匀、防止发生电晕和保护绝缘子三个功能。

三、复合绝缘子的特点

复合绝缘子与瓷、玻璃绝缘子相比，在电气性能、力学性能、抗老化性能等方面都具有明显的优势。

（一）电气性能

1. 工频闪络

图 4-1 是复合绝缘子与瓷绝缘子的工频干、湿闪络电压与其绝缘子串干弧距离的关系曲线。由图 4-1 可见，复合绝缘子的工频干闪电压略高于瓷绝缘子串的干闪电压；复合绝缘子的工频湿闪电压比瓷绝缘子串的高约 15％。当绝缘子串不太长时，瓷绝缘子串的湿闪电压一般比干闪电压低 15％～20％，所以说复合绝缘子的工频湿闪电压与瓷绝缘子串的工频干闪电压基本相同。

2. 雷击闪络

图 4-2 为复合绝缘子与瓷绝缘子的雷电冲击 50％放电电压与结构高度的关系曲线。复合绝缘子的雷电冲击 50％放电电压比瓷绝缘子串高约 5％。

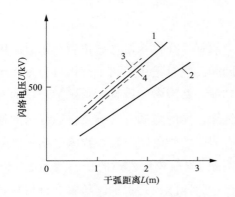

图 4-1　工频闪络电压与绝缘子串干弧距离的关系

1、2—瓷绝缘子串干、湿闪络电压；

3、4—复合绝缘子干、湿闪络电压

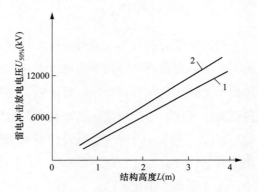

图 4-2　雷电冲击 50％放电电压与

绝缘子串结构高度的关系

1—瓷绝缘子串；2—复合绝缘子

3. 零值问题

瓷绝缘子存在零值击穿、零值检测和零值更换的问题，复合绝缘子没有这样的问题，从而大大减少了日常维护的工作量。一般悬式瓷绝缘子为内胶装结构，钢脚嵌入瓷球头内部，所以在工作电压下，电场强度在钢脚处最为集中。内胶装使用黏合剂，因为瓷、黏合剂、钢脚的热膨胀系数各不相同，当瓷绝缘子受到冷热变化时，各部件热膨胀系数的差异将使瓷件受到较大的压应力和剪切应力，故瓷质部分易开裂或易击穿而形成零值绝缘子。复合绝缘子在结构上属于不可击穿结构，因此不存在零值问题。

4. 耐污性能

表面污染而引起的绝缘子污闪，是电网安全运行的主要威胁，也是选择线路绝缘子的决定因素。瓷绝缘子表面为高能面，被水浸润后形成连续水膜，同时受到污秽的作用，易发生污闪现象，因此日常运行中要采用人工清扫或者是采用涂抹硅橡胶涂料的措施。

复合绝缘子的构成材料是硅橡胶材料，伞裙护套表面为低能面，因此具有良好的憎水性和憎水迁移性。即使处于潮湿污秽的环境中，在复合绝缘子伞裙表面也不会形成连续的水膜，只有相互独立的水珠颗粒，因此复合绝缘子具有良好的耐污性能。经过了一定的运行年限后，复合绝缘子憎水性会变差，但相对于瓷绝缘子，其耐污性能仍然很高。复合绝缘子具有良好的防污闪性能是其得到快速发展的重要原因。

（二）力学性能

复合绝缘子所使用的玻璃纤维芯棒的轴向抗拉强度很高，一般都在 600MPa 以上，目前最新采用的 ECR 耐酸型芯棒的抗拉强度在 1000MPa 以上，其强度是瓷绝缘子的 5～10 倍，与优质的碳素钢的强度相当。近几年来随着新型端部连接机构的出现，消除了制约制造大吨位复合绝缘子的瓶颈，因此复合绝缘子可以制造出强度很高、质量很小的产品。

（三）抗老化性能

瓷绝缘子有近百年的运行经验，其抗老化能力较强，在投入运行后相当长的时间内，如果不发生零值损坏，可以不用考虑老化及更换的问题。复合绝缘子属于有机材料绝缘子，在运行中受到大气、高、低温、紫外线、强电场或其他一些因素的影响，伞裙护套中的有机材料会发生老化、劣化现象，从而造成复合绝缘子绝缘性能的降低，影响复合绝缘子的使用寿命。目前，关于复合绝缘子的使用寿命年限还没有明确的结论，但是在我国电网中已经有使用了近 20 年的产品仍在挂网运行，未出现异常情况。当前较为成熟的新一代国产复合绝缘子已进入全面实用化阶段，研究能力与制造技术已达到国际领先水平。随着有机材料新配方的研究和研制，复合绝缘子的使用寿命将会有较大程度的提高。目前国内主流企业制造的复合绝缘子的预期使用寿命一般认为可达 15～20 年，运行经验也证明了这点。

第二节　复合绝缘子的性能试验与评价

随着复合绝缘子制造装备、工艺水平的提高，以及设计和运行经验的积累，复合绝缘子性能得到了进一步改善和提高。复合绝缘子已在特高压电网建设中得到大量应用，为电网安全、可靠运行发挥了重大的作用。但是在运行过程中，复合绝缘子也会受到污秽、鸟害、冰雪、高湿、温差及空气中有害物质等环境因素的影响；在电气上还要承受强电场、雷电冲击、工频电弧电流等的作用；在机械上要承受长期工作荷载、综合荷载、导线舞动等机械力的作用。因此，入网前和挂网运行后为准确掌握复合绝缘子的运行现状，客观全面的评价其运行性能，需定期对复合绝缘子进行抽检试验并评价其运行性能。

一、复合绝缘子性能试验

最早关于复合绝缘子的标准是 ANSI/IEEE Std987：1985，制定于 1985 年。而我国的复合绝缘子大规模应用是从 20 世纪 90 年代开始的，我国最早关于复合绝缘子的标准是 1991 年制定的 JB 5892—1991《高压线路用有机复合绝缘子技术条件》。随着复合绝缘子研究的深入和大规模应用，又先后制定了相关的国家和电力行业标准，如 DL/T 864—2004《标称电压高于 1000V 交流架空线路用复合绝缘子使用导则》、GB/T 19519—2014《架空线路绝缘子标称电压高于 1000V 交流系统用悬垂和耐张复合绝缘子　定义、试验方法及接收准则》、DL/T 1000.3—2015《标称电压高于 1000V 架空线路用绝缘子使用导则　第 3 部分：交流系统用棒形悬式复合绝缘子》等。

复合绝缘子的性能试验按照试验性质可以分为设计试验、型式试验、抽样试验、逐个试验、运行性能检验等几类。

（1）设计试验。设计试验旨在验证设计、材料和制造方法（工艺）是否适宜。绝缘子的设计由以下因素确定：

1）芯棒和伞套材料，以及其制造方法（工艺）；

2）端部装配件材料、安装（包括连接）结构及方法；

3）覆盖芯棒的伞套层厚度（如有护套，则包括其厚度）；

4）芯棒直径。

当设计改变时，应按标准规定重新验证。

（2）型式试验。型式试验用来验证复合绝缘子的主要特性，这些特性主要取决于其形状和尺寸，也用于验证装配好的芯棒的机械特性。型式试验应在母绝缘子通过设计试验后实施。

（3）抽样试验。抽样试验是为了验证绝缘子由制造质量和所用材料决定的特性。抽样试验所用的绝缘子应从提交验收的绝缘子批中随机抽取。

（4）逐个试验。逐个试验用来剔除有制造缺陷的绝缘子。对提交验收的所有绝缘子都要进行逐个试验。

（5）运行性能检验。为准确、客观评价挂网运行复合绝缘子的运行性能，运行过程中需定期开展试品抽样检验。

下面将对复合绝缘子的设计试验、型式试验和运行性能检验的相关内容进行详细介绍。

（一）设计试验

设计试验仅进行一次，并将结果记录在试验报告中，每一部分试验可以独立地用合适的新试品进行。仅当所有的绝缘子或试品通过了规定程序的各项设计试验时，该特定设计的复合绝缘子才认为合格。设计试验分为以下 4 类：

1. 界面和端部金属装配件连接试验

界面和端部金属装配件连接试验包括突然卸载预应力、热机预应力、水浸渍预应力、验证试验（外观检查、陡波前冲击电压试验、干工频电压试验）。

2. 伞和伞套材料试验

伞和伞套材料试验包括硬度试验、1000h 紫外光试验、起痕和蚀损试验、可燃性试验、伞套材料耐电痕化和蚀损试验、憎水性试验。

3. 芯棒材料试验

芯棒材料试验包括染料渗透试验、水扩散试验、应力腐蚀试验。

4. 装配好的芯棒的负荷-时间试验

装配好的芯棒的负荷-时间试验包括装配好的绝缘子的芯棒平均破坏负荷的测定、96h 耐受负荷的检查。

（二）型式试验

某种绝缘子型式在电气上是由电弧距离、爬电距离、伞倾角、伞径和伞间距确定的，这些条件相同的绝缘子，其电气型式试验只需进行一次。如果引弧或均压装置是该型式绝缘子的必备部件，则电气型式试验应带上这些装置进行。

对于给定芯棒直径和材料、伞套制造方法、端部装配件安装方法和连接结构的，某种绝缘子型式在机械上主要由最大的规定机械负荷（SML）确定，这些条件相同的绝缘子，其电气型式试验只需进行一次。此外，当绝缘子设计特性改变时，也需重新进行电气型式试验和机械型式试验。

（三）运行性能检验

1. 抽检周期

运行时间达 10 年的复合绝缘子应按批进行一次抽检试验，并结合积污特性和运行状态做好记录分析。第一次抽检 6 年后应进行第二次抽样。

对于重污区、重冰区、大风区、高寒、高湿、强紫外线等特殊环境地区，应结合运行经验缩短抽检周期。

2. 抽样数量

抽样试验使用两种样本 E1 和 E2。若被检验复合绝缘子多于 10 000 支，则应将它们分成几批，每批的数量在 2000～10000 支。试验结果应分别对每批做出评定。绝缘子的批次可按制造企业、运行年限、电压等级、运行环境等，并由各地结合运行实际确定。

3. 抽检项目

运行复合绝缘子抽检项目如表 4-1 所示。

表 4-1　　　　　　　　　　　运行复合绝缘子抽检项目

序号	试验名称	抽样数量	样本大小			
			$N \leqslant 300$	$300 < N \leqslant 2000$	$2000 < N \leqslant 5000$	$5000 < N \leqslant 10000$
		E1	2	4	8	12
		E2	1	3	4	6
1	憎水性试验	E1＋E2				
2	带护套芯棒水扩散试验	E2				
3	水煮后的陡波前冲击耐受电压试验	E2				
4	密封性能试验	E1 中取 1 支				
5	机械破坏负荷试验	E1				

4. 检验评定准则

如果仅有一只试品不符合表 4-1 中序号 2 和序号 3 中的任一项或序号 4 时，则在同批产品中加倍抽样，进行重复试验。若第一次试验时有超过 1 支试品不合格或在重复试验中仍有 1 支试品不合格，则该批复合绝缘子应退出运行。

若机械强度低于 67％额定机械拉伸负荷（SML），应加倍抽样试验；若仍低于 67％额定机械拉伸负荷（SML），则该批复合绝缘子应退出运行。

5. 憎水性检验周期及判定准则

运行复合绝缘子憎水性检验周期及判定准则如表 4-2 所示。

表 4-2　　　　　　　运行复合绝缘子憎水性检验周期及判定准则

憎水性等级（HC）	检验周期/年	判定准则
1～2	6	继续运行
3～4	3	继续运行
5	1	继续运行，须跟踪检测
6	—	退出运行

6. 非破坏性试验项目介绍

（1）外观检查。检查复合绝缘子表面是否出现粉化、裂纹、电蚀、树枝状放电痕迹，伞裙材质是否变硬、憎水性情况、各粘接和密封部位是否脱胶、端部金具是否出现连接滑移现象，如果出现就认为是复合绝缘子材质出现老化或质量有问题。

（2）直流泄漏试验。复合绝缘子在清水中浸泡 24h 后，在 8h 内测量直流泄漏电流，在直流 $\sqrt{2}$ 倍最高运行相电压下，1min 的泄漏电流值不大于 10μA。

（3）憎水性判断法。

静态接触角法（CA 法）：通过测量固体表面平衡水珠的接触角来反映材料表面憎水性状态的方法，可通过静态接触角测量仪器、测量显微镜或照相的方式来测量静态接触角的大小。测试时，将一水滴滴在表面水平的复合绝缘材料上，在空气、水和复合绝缘材料的交界点做水滴表面切线，该切线与绝缘材料表面的夹角 θ 即为静态接触角。在相同的水滴容量下，静态接触角越大，水滴与绝缘材料的接触面越小，则憎水性越好。通常认为，θ>90°时，绝缘材料表面是憎水的。静态接触角法测量简单，定量准确，可方便地用于材料表面憎水性的评估。但是，该方法需要严格的试验环境，所用试品为平板试品，只能用于材料的实验室研究，而不能用于复合绝缘子构件的现场研究，并且在用于粗糙或被污染的表面憎水性的评价时，接触角会有明显的迟滞现象。另外，也有人用动态接触角法进行材料表面憎水性的研究，但是该方法和静态接触角法一样都只能用于材料表面憎水性的实验室测量，而不能用于复合绝缘子构件憎水性的现场测试。

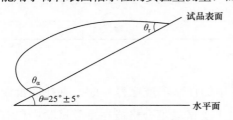

图 4-3　后退角示意图
θ_α—前进角；θ_r—后退角

喷水分级法：实际操作中往往采用瑞典输电研究所（Swedish Transmission Research Institute，STRI）提出的喷水分级法（HC 法）。喷水分级法通过两个物理量来评估憎水性——运行状态下倾斜伞裙表面水滴的后退角（见图 4-3）和水膜的覆盖面积，将憎水性分成 HC1～HC7 共 7 个等级，并给出了分级判据（见表 4-3）和参考图像（见图 4-4，HC7 是全部试验面积上覆盖了连续的水膜时的憎水等级，未给图像）。这种方法的操作过程比较简单，喷水设备为能喷出薄水雾的普通喷壶。被试品的测试面积应在 50～100cm²。喷水设备喷嘴距试品（25±10)cm，每秒对试品喷 1～2 次，连续喷雾 20～30s，在喷雾结束后 10s 内，完成憎水性的判断。判断时，测试人要分别从不同的角度仔细观察绝缘子表面水滴的情况，然后将所观察到的情形和图 4-4 中的图像加以比较，同时参考表 4-3 中的 7 种级别特征，得出憎水等级。憎水性表面属于 HC1～HC3；HC4 是一个中间过渡级，此时，水珠和水带同时存在；亲水性表面属于 HC5～HC7。

表 4-3　　　　　　　　　　　　　　STRI 的 HC 值分级判据

HC 值	绝缘子表面水滴的状态
1	仅形成分离的水珠，大部分水珠 $\theta_r \geqslant 80°$
2	仅形成分离的水珠，大部分水珠 $50°<\theta_r<80°$
3	仅形成分离的水珠，水珠一般不再是圆的，大部分水珠 $20°<\theta_r \leqslant 50°$
4	同时存在分离的水珠和水膜（$\theta_r=0°$），总的水膜覆盖面积小于被测面积的 90%，最大的水膜面积小于 2cm²
5	总的水膜覆盖面积小于被测面积的 90%，最大的水膜面积大于 2cm²
6	总的水膜覆盖面积大于被测面积的 90%，有少量的干燥区域（点或狭窄带）
7	全部试验面积上覆盖了连续的水膜

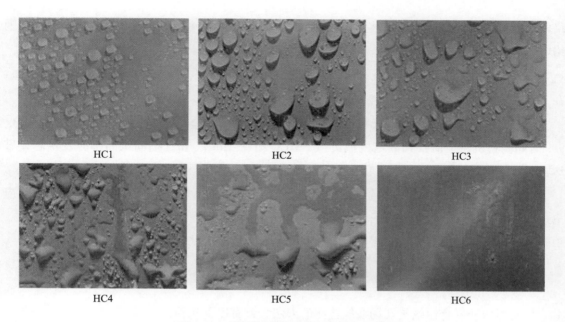

图 4-4　不同憎水等级的 STRI 参考图像

　　喷水分级法操作简单，易于现场测试，目前国内外较为广泛地采用了这种方法。但传统的喷水分级法不能用于复合绝缘子憎水性的带电检测，并且该方法是一种人工肉眼判断方法，对人的主观依赖性较大。

　　计算机数字图像分析技术在憎水性评价中的应用：喷水分级法可对绝缘子表面的憎水性能进行较为准确的评价，但是该方法是一种人工评价的方法，对人的主观判断依赖性较大。近年来，数码摄像技术和计算机数字图像分析技术的发展为人们更为客观和精确地评价复合绝缘子表面的憎水性提供了一条新的道路。一些研究单位和学者尝试运用数字图像分析的方法来客观判断绝缘子的憎水性并取得一些研究成果，其中以均熵法和形状因子法最为典型。这两种方法的共同点就是首先要对复合绝缘子表面喷水，然后拍摄所需的数字图像，最后对图像进行处理、分析和计算，从而得出所需的函数值，以此作为憎水性等级的判据。两者的区别就是对图像采用不同算法，得出的函数值不同。

　　（4）超声检测法。清华大学研究了用超声波法来检测复合绝缘子芯棒裂纹。超声波检测的实现是基于超声波在从一种介质进入另一种介质的传播过程中会在两介质的交界面发生反射、折射和模式变换的原理，超声波发生器发射始脉冲进入绝缘子介质，当绝缘子有裂纹时，则在时间轴上出现该裂纹的反射波，由时间轴上缺陷波的大小和位置即可判断绝缘子中的缺陷情况。用超声波检测复合绝缘子机械缺陷时具有操作简单、安全可靠、抗干扰能力强等优点。但由于其存在耦合、衰减及超声换能器性能问题，在远距离遥测上目前尚未有重大突破，不适合现场检测，而主要用于企业生产在线检测及试验室鉴定。

　　7. 破坏性试验项目介绍

　　（1）复合绝缘子在自然污秽状况下进行工频干、湿闪络电压对比试验。当工频干、湿闪络电压差值在 30% 以上时，应将绝缘子表面污秽清洗干净，重新做上述试验，工频干、湿闪络电压差值不应超过 30%。

（2）陡波冲击试验：复合绝缘子放入质量分数为 0.1% 的 NaCl 的水槽中沸腾煮 24h 后，在 48h 内完成陡度为 1000kV/μs、正负各 5 次的陡波冲击试验。试验中不应发生击穿或损坏。

（3）机械负荷耐受试验：先将机械负荷平稳地升到 50%SML，耐受 1min，然后在 30～90s 时间内将机械负荷升到额定机械负荷 SML，耐受 1min。在这期间试品不应发生芯棒破坏、抽芯、端部附件破坏、伞裙套裂纹、密封件开裂等现象，然后增加负荷直至试品被拉断。

（4）2m 跌落试验：将复合绝缘子水平置于距地面高 2m 处向下自由跌落 3 次，伞裙不应出现断裂，否则认为复合绝缘子老化。跌落地应为干净的水泥地面。

另外，还有表面污层盐密测量、端部密封测量等试验室试验项目。

（四）现场在线检测方法

目前国内外复合绝缘子现场在线检测的方法大致有以下几种：

1. 目测

目测是目前采用最普遍的方法。由于缺陷尺寸小，通常需要借助于高倍望远镜进行观察，在确保安全的前提下尽可能地接近绝缘子进行观察。目测主要是检查伞裙护套有无破损、裂纹及电击穿、芯棒有无裸露，是否从金具中滑移。目测主要用于检查表面较大的损坏。

2. 电场分布

由于复合绝缘子内部存在缺陷，因此缺陷部位的电场会或多或少地发生突变。这种方法是用特制探头沿复合绝缘子表面测量电场，并通过计算机把电场曲线显示出来。据相关研究表明，这种方法只是对于充分濡湿的复合绝缘子发生的故障有效，对于干燥状态下的复合绝缘子，这种方法不明显。同时，这种检测方法检测费用高。

3. 憎水性分级

现在有一些科研机构进行在线测量复合绝缘子的憎水性等级，即在保证安全的前提下，进行人工淋湿，在线观测，这种方法可以真实地反映复合绝缘子的憎水性，但对测量人员的技术要求较高，并且安全保证上投入较多。

4. 紫外成像法

微小但稳定的表面局部放电会导致复合绝缘子伞裙和护套形成炭化通道或电蚀损。当绝缘子表面形成炭化通道时，其使用寿命会大大降低，甚至在短期内被击穿。利用电子紫外光学探伤仪可以带电检测复合绝缘子表面由于局部放电而形成的炭化通道和电蚀损，其原理是局部放电过程中带电粒子复合会放出紫外线，当绝缘子表面形成导电性炭化通道时，局部放电加剧。该方法要求在检测时正在发生局部放电，检测应在高湿度甚至有降雨的环境中进行。但检测结果容易受到观察角度的影响，检测设备也较昂贵。

5. 红外成像技术

在电场作用下引起的损坏，由于局部放电的作用，都伴有热效应。因此无论在试验室或是在现场利用红外成像技术都可以很好地检测到复合绝缘子的缺陷，取得良好的效果。但试验研究表明，只有局部放电水平比较显著时，故障绝缘子的热故障才比较明显，并且这种技术适用于复合绝缘子的跟踪观测，可以发现一些发展性的内击穿故障。目前一些电力运行单位已经开展了这方面的工作，取得了不错的效果。

此外，定向无线电发射诊断技术、超光谱成像技术、光谱无线电测量技术在一定层面上也取得了不错的效果，但是不管是哪一种方法，目前都不能取得很好的效果，现场中需要多种方法和手段的综合利用才能更好地检测出复合绝缘子真实的运行状态。

二、线路用复合绝缘子运行评价

随着复合绝缘子在 H 省的大范围应用，为了全面评价目前 H 省电网复合绝缘子的运行状况，H 省组织了一次全面的线路用复合绝缘子运行评价工作，抽检涉及 110kV、220kV 两个电压等级，共 159 支，其中 110kV 等级 90 支，220kV 等级 69 支。抽检产品主要是在 H 省电网大量应用的厂家产品，时间跨度从 1989 年挂网试运行到 2002 年度的复合绝缘子，这期间既有早期产品，更有目前的改进型复合绝缘子，伞形结构也包含了目前挂网运行的所有伞形结构，抽检的线路主要是 d 级污秽区以上线路。500kV 电压等级线路用复合绝缘子运行状况良好，近年来鲜见事故异常情况的发生，同时考虑到 500kV 线路属主干网架，停电进行抽检存在一定困难性，因此这次抽检中并没有涵盖。这次抽检基本上反映了 H 省复合绝缘子的应用情况，尤其是重度污秽区复合绝缘子的运行情况，并且还为下面进行的相关研究提供了充足的样本。在抽检项目选择上，根据复合绝缘子试验方法和使用导则的规定，同时辅助目前正在开展的其他试验方法，如工频耐压情况下的红外测温试验，确定的试验项目有外观检查、憎水性评价、力学性能评价、电气性能评价。

（一）外观检查

对抽检的所有复合绝缘子在试验前进行了外观检查，发现复合绝缘子的积污情况差异较大，抽检到的产品有的甚至出现了水泥状积块。运行年限超过 10 年的复合绝缘子伞裙护套经外观检查，发现表面发黑，有电蚀损伤和局部放电迹象，并出现灰白色斑痕，伞裙脆化严重，部分产品出现了伞裙脱落和芯棒裸露现象，对伞裙稍加外力即出现伞裙撕裂现象，这一现象主要集中表现在 A 厂抽检产品；另外几个厂家的部分产品连接处出现了脱胶、裂缝和滑移情况；金属附件出现锈蚀和电烧伤痕迹。这说明 H 省运行的复合绝缘子均出现了不同程度的老化、劣化现象，并且早期产品老化、劣化程度还相当严重。图 4-5 是这次抽检过程中的一些绝缘子试验前的外观检查情况。

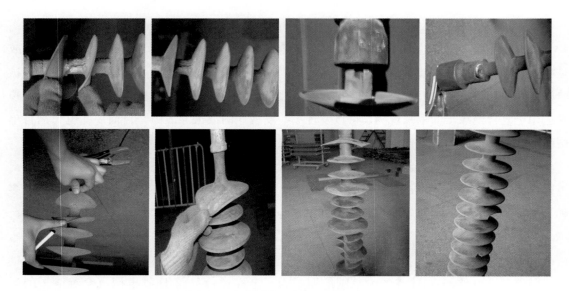

图 4-5　试验前典型外观情况检查照片

随后进行了 2m 跌落试验：经过跌落试验后，进行外观检查，发现 B 厂有 3 支产品出现伞裙摔裂掉片现象，仅占 B 厂抽检总数的 2.6％；A 厂共有 24 支产品出现伞裙发脆、断裂的现象，占 A 厂抽检总数的 63.2％。

从外观检查的结果看，复合绝缘子随着运行时间和运行区域的不同均出现了不同程度的老化、劣化现象。

（1）运行年限超过 10 年的复合绝缘子伞裙护套经外观检查，发现表面发黑，有电蚀损伤和局部放电迹象，并出现灰白色斑痕，伞裙脆化严重，部分产品出现了伞裙脱落和芯棒裸露现象，对伞裙稍加外力即出现伞裙撕裂现象。这些主要是 A 厂的运行在 10 年以上的早期产品。

（2）部分产品出现芯棒与金具相互滑移的现象，这反映出端部连接结构存在着一定的问题。

（3）2m 跌落试验 B 厂有 3 支产品出现伞裙摔裂掉片现象，仅占 B 厂抽检总数的 2.6％；A 厂共有 24 支产品出现伞裙发脆、断裂的现象，占 A 厂抽检总数的 63.2％。这反映出 A 厂早期产品伞裙老化严重的问题。

（4）B 厂产品总体上由于运行时间不是太长，一般在 5～10 年，因此老化、劣化不严重。

对挂网复合绝缘子出现的这些老化、劣化现象进行分析，出现的原因大致有下面几个方面：

（1）早期产品主要是 A 厂 110kV 电压等级产品，截至目前挂网已满 15 年，劣化、老化比较严重。这些产品主要运行在 H 省等工业比较发达地区。运行时间较长，环境污染严重是造成复合绝缘子表面积污、积尘严重、老化、劣化程度高的主要原因。

（2）早期产品为了提高耐漏电起痕，在硅橡胶材料中加入较多的无机物填料是造成早期产品伞裙护套脆化、开裂、脱落的主要原因。近几年各厂家生产的复合绝缘子调整了配方，合理分配硅橡胶材料与无机物填充料的比例。对抽检到的近五年来的新产品检查，发现伞裙弹性较好，自身的抗撕扯强度较高，但是关于产品配方的实际抗劣化能力，由于运行时间还不是太长，仍然需要在今后的实际运行中加以监测验证。

（3）外界污秽大量覆盖在绝缘子表面，经高低温差变化、光照、紫外线辐射、强电场等外界因素作用也是造成伞裙护套劣化的原因。

综上所述，我们可看出 H 省应用的复合绝缘子由于运行地区不同、运行年限不同、生产厂家产品的差异不同而表现出来的老化、劣化程度是不一样的，因此今后在对运行复合绝缘子进行日常检测时要有侧重点，对所在区域污秽等级比较高、运行年限比较长的复合绝缘子要着重加强运行检测。

（二）憎水性评价

1. 憎水性能分级

关于憎水性能分级方法的研究目前开展很多，采用目前应用最广泛的能较好反映复合绝缘子憎水性能的分级方法——由 STRI 推荐的《复合绝缘子憎水性分类准则》，即 HC 法则。

2. 试验方法

对抽检的 110、220kV 电压等级的复合绝缘子进行了伞裙积污条件下憎水性能分级试验，用以对比不同厂家、不同运行年限、不同积污条件下的憎水性能差异。试验时被试品垂直悬挂，采用能产生微小雾粒的喷雾器在距离被试品表面 25cm 的位置上，大致每秒压两次对复合绝缘子表面进行喷淋，持续时间 20～30s，在喷雾结束后的 10s 内完成水滴接触角状况的观察、伞裙表面憎水级别的判别。对于 220kV 等级复合绝缘子，由于其长度较长，我们把复合绝缘子沿纵向从球头到球窝分为 5 个部分；对于 110kV 等级复合绝缘子，我们把它沿纵向从球头到球窝分为 3 个部分；沿各个伞裙连续面进行测试。一般认为 HC1～HC2 级的材料表面具有较好的憎水性；HC3 级的材料表面出现老化；HC4～HC5 的材料表面已经出现比较严重的老化；HC6～HC7 级的为材料表面完全老化。

3. 憎水性实验分析

本次抽检样品主要是 A 厂和 B 厂产品。A 厂产品挂网时间比较早，110、220kV 两个电压等级均有挂网运行产品，但是在 H 省主要以 110kV 为主，且大部分运行时间已经有 10 年以上。B 厂产品主要是近十年在 H 省电网各电压等级中大量应用。因此，这次抽检的重点是 A 厂 10 年以上产品和 B 厂近 10 年产品。表 4-4 和表 4-5 是两厂家 220、110kV 电压等级产品憎水性变化统计结果，图 4-6 是试验过程中的典型憎水性照片。

表 4-4 220kV 抽检复合绝缘子憎水性分级统计表

憎水性级别			HC3		HC4～HC5		HC6		220kV 抽检总数（支）
			数量（支）	百分比（%）	数量（支）	百分比（%）	数量（支）	百分比（%）	
运行年限	A厂	10 年以上	1	20	4	80	0	0	5
	B厂	5～10 年	10	15.6	44	68.8	0	0	63
		5 年以下	1	1.6	6	9.4	2	3.1	

表 4-5 110kV 抽检复合绝缘子憎水性分级统计表

憎水性级别			HC3		HC4～HC5		HC6		110kV 抽检总数（支）
			数量（支）	百分比（%）	数量（支）	百分比（%）	数量（支）	百分比（%）	
运行年限	A厂	10 年以上	10	30.3	9	27.3	0	0	23
		5～10 年	1	3.0	3	9.1	0	0	
		5 年以下	0	0	0	0	0	0	
	B厂	10 年以上	0	0	0	0	0	0	43
		5～10 年	17	32.1	22	41.5	3	5.7	
		5 年以下	0	0	0	0	1	1.9	

图 4-6 典型憎水性试验照片

从抽检结果来看，不同厂家的产品因硅橡胶材料配方不同、运行年限不同，其运行后伞裙表面憎水性、憎水迁移性也不同。在进行结果小结之前，需要说明一下试验结果的准确性问题。由于本次采用的是 STRI 推荐的 HC 法则，该法则由于是用人工比对标准图谱方式来进行憎水性分级的，存在一定的主观成分，因此憎水性结果存在一定的偏差。A 厂和 B 厂试品憎水性按年度统计如图 4-7 和图 4-8 所示。

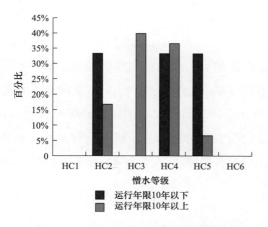

图 4-7　A 厂试品憎水性按年度统计图

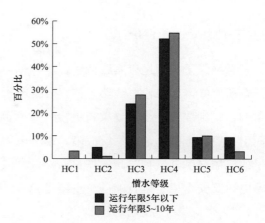

图 4-8　B 厂试品憎水性按年度统计图

从上述试验统计分析结果来看：

（1）复合绝缘子经过长期的运行以后，其憎水性和憎水迁移性都有不同程度的下降，运行时间越长，外界环境越恶劣，憎水性和憎水迁移性下降越多。不同厂家的产品因硅橡胶材料配方不同，其运行后伞裙表面憎水性、憎水迁移性也不同。从整体抽检结果数据来看，A 厂复合绝缘子憎水迁移特性要好于 B 厂。

（2）A 厂产品是 H 省最早运行的复合绝缘子，主要运行在 110kV 电压等级，且大部分运行时间都在 10 年以上。抽检产品外观发现外表面积污、劣化均比较严重，110kV 等级抽检产品憎水性 HC3 级以下产品占 69.7%，HC4～HC5 级以下产品占 36.4%。

（3）B 厂抽检产品主要集中在近 10 年来的运行产品。从抽检情况来看，伞裙憎水性下降较快。110kV 电压等级共抽检 53 支，运行 5～10 年的复合绝缘子憎水性在 HC4～HC5 级以下的占 54.3%；运行 5 年以内的复合绝缘子憎水性在 HC4～HC5 级以下的占 100%。220kV 电压等级共抽检 64 支，运行 5～10 年的复合绝缘子憎水性在 HC4～HC5 级以下的占 76.4%；运行 5 年以内的复合绝缘子憎水性在 HC4～HC5 级以下的占 77.8%，甚至出现了运行只有两年的复合绝缘子憎水性达到 HC6 级的个体，这一情况应引起我们的重视。图 4-9 是 B 厂和 A 厂产品憎水性对比。

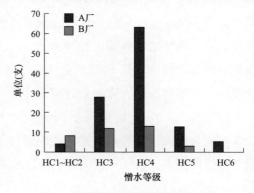

图 4-9　A 厂和 B 厂产品憎水性对比

（4）从抽检结果来看，积污比较严重的复合绝缘子憎水性相当一部分达到了 HC4～HC5 级。尤其是经过外观检查发现伞裙表面有闪络痕迹的复合绝缘子，表面憎水性较差。

（5）从抽检情况来看，整体抽检产品的憎水性基本在 HC3 级及以下，且相当一部分在 HC4～HC5 级。因此今后在硅橡胶配方方面仍需加强研究。

（三）力学性能评价

复合绝缘子长期运行实践证明，其整体力学性能的可靠性对输电线路的安全运行十分重要。众所周知，如果输电线路上的复合绝缘子出现故障、发生掉线，它所造成的后果是相当严重的，轻则烧毁导线需要重新更换；重则因为导线掉线而引发相间短路或短路接地故障，从而引发更大范围的电力系统故障，影响电力系统的安全稳定运行。相关资料表明，复合绝缘子的机械强度随运行时间的增长而降低，因此对复合绝缘子综合力学性能进行评价，是确保输电线路安全稳定运行的一个重要措施。

1. 复合绝缘子机械强度

由前面章节我们可以看出，金具与芯棒的连接结构是决定复合绝缘子机械强度的关键因素。不管是内楔式还是外楔式结构都是自锁性结构，它允许接球头在拉伸负荷下有一定的滑移，而保证芯棒不脱落。压接式连接结构是非自锁性结构，必须完全依靠预应力产生的金具塑变来预防运行中因意外情况发生时芯棒出现的任何滑移。

H省运行的复合绝缘子分为两个阶段，早期的主要是A厂的，以外楔式连接结构为主；近10年的后期产品主要是B厂的，以内楔式连接结构为主。目前，不管是外楔式还是内楔式连接结构均有挂网运行产品，压接式连接结构的复合绝缘子，随着装配工艺自动化的提高，现在已经有大部分厂家生产，并投入运行。H省也有产品挂网运行，但是由于产品运行时间短，其机械强度仍有待于运行经验的证明，因此在下面的复合绝缘子机械特性抽检的产品中没有体现，今后我们将会开展这方面的检测。

2. 复合绝缘子机械负荷试验

根据标准 GB/T 19519—2014《架空线路绝缘子　标称电压高于1000V交流系统用悬垂和耐张复合绝缘子　定义、试验方法及接收准则》中的规定，对抽检的复合绝缘子进行机械负荷试验。先将机械负荷平稳地升到50%SML，耐受1min，然后在30～90s时间内将机械负荷升到额定机械负荷SML，耐受1min，在这期间试品不应发生芯棒破坏、抽芯、端部附件破坏、伞裙套裂纹、密封件开裂等现象，然后增加机械负荷直至试品被拉断。

对抽检的110kV共90支、220kV共69支复合绝缘子进行机械负荷试验，希望通过该试验考核复合绝缘子在经过一定的挂网运行年限后，其自身残余的机械强度是否还能满足线路安全运行的要求。表4-6是机械负荷试验未达到试验要求的产品统计结果。

表4-6　　　　　　　　机械负荷试验未达到试验要求的产品统计结果

编号	型号	运行年限（年）	破坏负荷（kN）	破坏部位	生产厂家
015	FXBW-110/100	8	34	球头与芯棒拉脱	A厂
087	FXBW-110/100	11	34	球头与芯棒拉脱	A厂
088	FXBW-110/100	11	12	球头与芯棒拉脱	A厂
050	FXBW-110/100	11	17	球头与芯棒拉脱	A厂

编号	型号	运行年限（年）	破坏负荷（kN）	破坏部位	生产厂家
084	FXBW-110/100	11	15.8	球头与芯棒拉脱	A厂
079	FXBW-110/100	12	20	球头与芯棒拉脱	A厂
018	FXBW-110/100	12	25	球头与芯棒拉脱	A厂
077	FXBW-110/100	12	11	球头与芯棒拉脱	A厂
082	FXBW-110/100	12	17	球头与芯棒拉脱	A厂
091	FXBW-110/100	13	37	球头与芯棒拉脱	A厂
064	FXBW-110/70	14	50	球头与芯棒拉脱	A厂
060	FXBW-110/70	15	24	球头与芯棒拉脱	A厂
055	FXBW-110/70	14	13	球头与芯棒拉脱	A厂
086	FXBW-110/100	14	38.6	球头与芯棒拉脱	A厂
066	FXBW-110/70	15	60	球头与芯棒拉脱	A厂
016	FXBW-110/100	10	97	球窝侧芯棒拉脱	B厂
102	FXBW-220/100	13	37	球头与芯棒拉脱	A厂
116	FXBW-220/100	13	37	球头与芯棒拉脱	A厂
123	FXBW-220/100	6	93	球头与芯棒拉脱	B厂
158	FXBW-220/100	9	99.3	芯棒拉裂	B厂

试验中典型的机械破坏照片如图 4-10 所示。

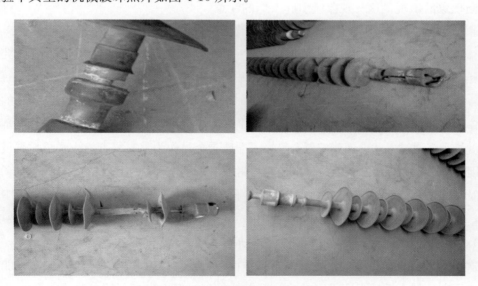

图 4-10　试验中典型的机械破坏照片

从抽检结果来看，不同厂家的产品、不同连接结构，在经过数年的运行以后其剩余机械强度差异较大，有厂家的产品已经到了危及输电线路安全运行的程度，现在对机械特性抽检结果进行小结。

（1）在这次抽检过程中，A厂产品机械强度结果表现较差，共抽检该厂产品 38 支，其中机械负荷未能达到 50％SML 的占 43.6％，破坏机械负荷未达到 SML 的占 51.3％。尤其是运行 10 年以上的复合绝缘子，破坏负荷只有不到 20kN 的水平。

（2）B厂抽检的复合绝缘子运行时间都在10年以内，在抽检到的112支绝缘子中，发现两支产品机械破坏负荷未达到SML，其余被试品机械特性均合格。

（3）由抽检试品的试验情况来开，端球头连接方式对复合绝缘子机械强度影响较大，早期产品多采用外楔式连接结构，运行实践证明这种连接结构在经过长期运行后暴露出机械强度明显下降的现象；内楔式连接结构虽然造成了芯棒的局部损坏，但是不可否认的是，经过近10年的运行考验，其仍然保持了很高的剩余机械强度，可靠性值得信赖。

（4）从破坏情况来看，由于端球头连接是复合绝缘子结构中比较薄弱的一个环节，所以一般的破坏部位是芯棒与金具拉脱。在芯棒与金具拉脱的绝缘子当中有两种情况，一种是芯棒拉脱后端面呈现不规则状，芯棒玻璃纤维被拉成丝条状，这种情况主要是由于芯棒长期受到蠕变应力的作用，已经造成了相当一部分玻璃纤维发生了断裂，加上在进行拉力试验时芯棒受力不均匀造成的；另外一种是芯棒拉脱后端面比较整齐、平整，并与芯棒轴向成垂直方向，这种情况一般发生在内楔式结构中。分析认为，复合绝缘子在运行中由于受到长期的拉应力的作用，端部密封易受到损坏，从而造成了外界潮气和腐蚀成分进入端球头内部，同时在强电场的作用下，造成了芯棒的酸性腐蚀；内楔式结构由于自身结构的特点，芯棒端部本身存在裂缝，这种酸蚀作用在端部对芯棒的影响就比较大，在一定情况下易造成端球头内部芯棒脆断现象的出现，这一现象应引起人们的注意。

（5）被机械破坏的复合绝缘子当中，其破坏情况有金具球头被拉断、金具球窝被拉变形、芯棒被拉裂等现象。在这些情况中，破坏负荷均大大超过复合绝缘子的额定机械负荷SML，这说明在复合绝缘子的设计上可以采用"保险丝式设计"，即在复合绝缘子的三个不同区域：芯棒绝缘部分、芯棒与金具的连接部分、金属端球头球杆部分，设计不同的机械强度。芯棒绝缘部分设计机械强度最大，芯棒与金具的连接部分次之，金属端球头球杆部分设计机械强度最小。通过上述设计就把复合绝缘子端球头金具作为整支复合绝缘子机械强度的保险部件。因为金具球头球杆的直径是标准的，材料一般采用45钢，根据材料力学可以计算出球杆的破坏强度，这样就可以确保任何一支复合绝缘子破坏时，都是金具球头球杆拉坏，而其他部位不损坏，破坏裕度大，保证了复合绝缘子使用的可靠性，满足了复合绝缘子长期运行的要求。

（6）从试验情况来看，早期A厂外楔式结构复合绝缘子剩余机械强度情况较差，虽然经过了几次更换，但目前仍有一定数量的产品挂网运行，建议密切监视运行，如有可能应进行更换。B厂产品剩余机械强度下降较少，可靠性较高，但也出现了脆断现象，分析认为是端部密封存在一定缺陷，建议改进端部密封形式，并定期对目前挂网产品进行抽检。

（四）电气性能评价

复合绝缘子在构成材料和外部结构上与普通的瓷、玻璃绝缘子完全不一样，它们在闪络特性、雷电冲击特性、泄漏特性等许多电气性能方面都存在差异。特别是复合绝缘子在经受了长时间挂网运行后，其电气性能是否还能满足电网安全运行的要求，这需要我们对复合绝缘子的电气性能进行全面的抽检和评价。

运行经验表明，复合绝缘子在防污闪事故中起到了重要作用。但是随着运行时间的增长，复合绝缘子逐渐出现了老化严重、异常发热等问题，甚至出现运行电压下发生内绝缘击穿等问题。

1. 试验方法

针对这一问题，我们在这次复合绝缘子抽检中把复合绝缘子的工频耐受试验作为对其运行特性评价的一个重点。特别是，为了更充分地考验复合绝缘子的工频耐受能力，我们增加了盐水煮试验，在经过盐煮后的 48h 内，完成工频闪络及 30min 80％工频闪络电压耐受试验，并且把红外成像技术应用到复合绝缘子的检验检测中。

试验前首先将抽检的复合绝缘子放入质量分数为 0.1％的 NaCl 的水槽中沸腾煮 42h，再将试品留在容器中直到水冷却到 50℃，最后将试品取出，在 48h 内完成工频闪络及 30min 80％工频闪络电压耐受试验，并采用红外成像仪监视 30min 80％工频闪络电压耐受试验时复合绝缘子的温升情况，如果发现温升比较大的试品，再进行正负各 5 次的陡波冲击试验。

2. 试验结果

对抽检的 110kV 共 90 支、220kV 共 69 支复合绝缘子进行了上述试验，希望通过该试验考核复合绝缘子在经过一定的挂网运行年限后，其自身工频耐受强度是否还能满足线路安全运行的要求。从抽检结果来看，运行年限最长的已经超过 15 年，并且伞裙护套老化严重，经过 42h 的盐煮后，伞裙护套表面发白，但在进行工频闪络电压上仍然具有很高的工频电压耐受水平。

对复合绝缘子进行 30min 80％工频闪络电压耐受试验，监测复合绝缘子的温升情况，共发现 18 支温升较高的复合绝缘子，另外还有 2 支工频交流耐压未通过，共占被试样品的 11.8％。温升较大的样品中，B 厂 13 支，A 厂 5 支。具体试验结果如表 4-7 和表 4-8 所示。

表 4-7　　　　　　　　　　　　　　　A 厂试品温升试验异常统计

电压等级（kV）	伞型结构	外观检查（水煮前）	温升试验	投运时间
110	大小伞灌胶	表面附有小泥状污垢，护套外有贯通性电蚀迹象，球头与护套连接处封胶松动并掉一块	80％交流闪络电压未通过	1992 年
110	等径伞灌胶	双均压环从球窝处数第 1、3、14、17、18 片伞已掉部分，且第 3、17 片伞掉一半；第 18 片伞已撕裂，未掉。伞表面较脏，有黑色污点，表面有油漆状斑点，部分斑点有脱落	球窝处发热较大	1998 年
110	大小伞灌胶	表面污垢严重，裹胶棒上有水泥状积尘，从球窝数第 4 片伞已撕开一小块	芯棒整支温升大	1992 年
110	大小伞灌胶	无均压环，表面污垢一般	芯棒整支温升大	1992 年
110	大小伞灌胶	球头一均压环，伞表面污垢一般	芯棒整支温升大	1991 年
110	等径伞灌胶	两侧均压环，双球窝，密封胶脱落，从球窝数第 1 片伞已掉一块，第 2 片伞有三角小洞，第 8 片伞一小块快掉，第 10 片伞已裂开，第 12 片伞少一块，第 19 片伞少一块。绝缘子表面发黑，污垢严重	芯棒整支温升大	1989 年

表 4-8 B 厂试品温升试验异常统计

电压等级（kV）	伞型结构	外观检查（水煮前）	温升试验	投运时间
110	大小伞穿伞	无均压环，从球头端数第 5 片伞已裂开，未掉；第 20 片伞根已裂；密封胶已发黑、变质、发硬	310kV 通过，球窝上部发热	1996 年
110	等径伞灌胶	球窝处一只均压环安装正确，伞表面有土，撕裂强度差，从球头数第 7 片伞一撕即烂	偏中部发热	1994 年
110	大小伞穿伞	无均压环，绝缘子表面污尘一般	280kV 发生闪络，再次升压时 190kV 发生闪络	1999 年
110	大小伞穿伞	球头一均压环，绝缘子表面发黑	芯棒整支温升大	1998 年
110	等径伞灌胶	两侧均压环，污秽一般	温升大	1995 年
110	等径伞灌胶	两侧均压环	芯棒整支温升明显	1995 年
110	等径伞穿伞	从球窝端数第 3 片伞撕裂，污土严重	芯棒整支温升大	—
110	等径伞灌胶	球头一均压环，整只绝缘子发白，但护套发黑，污土一般	芯棒整支温升大	1994 年
110	大小伞穿伞	两侧均压环，球窝上及球窝处第 1 片伞上有银灰色油漆状斑点	芯棒整支温升大	1997 年
110	等径伞灌胶	两侧均压环	芯棒整支温升明显	1995 年
110	等径伞穿伞	从球窝端数第 3 片伞撕裂，污土严重	芯棒整支温升大	—
220	大小伞穿伞	无均压环，从球头数第 9 片伞（小伞）有裂开现象，伞表面不是太脏，积污较重	芯棒整支温升大	1997 年
220	大小伞穿伞	两侧均压环，安装正确，积污较重，伞片上油漆点较多	芯棒整支温升大	1996 年
220	大小伞穿伞	球头一均压环，安装正确，较污，密封胶有脱落现象，球头端裹胶棒有一小块剥开	芯棒整支温升大	1998 年

从试验结果可以统计出不同运行年限温升试验异常的样品占当年被试样品的比例，详见图 4-11。从图中可以看出温升运行年限在 5 年以下的被试品没有出现温升较高的异常样品；运行年限超过 5 年的被试品出现了温升较高的异常情况，大致呈现随着运行年限的增长，芯棒在温升试验中温升异常的比例逐步升高的趋势；运行年限在 10 年以上的复合绝缘子占同批抽检样品的比例为 29.2%。从温升较高样品的伞型结构来看，主要是护套挤压伞裙粘接分装工艺（也称套装挤包穿伞工艺）和单伞伞套套装工艺（也称套装灌胶工艺）。伞裙护套注射成型工艺在这次抽检中未发现异常情况。

从上述试验结果并结合其他开展温升现场追踪省份的情况来看，复合绝缘子运行条件下温升是复合绝缘子内绝缘老化，进而发展成为复合绝缘子内击穿这类恶性事故的前期表现。现有研究表明，异常温升往往是由于芯棒与护套之间界面存在缺陷等带来的界面性能下降导致的，因此需要保证复合绝缘子界面粘接可靠，没有气泡等缺陷，这对于挤包穿伞和套装灌胶工艺来说都是做不到的，是致命的内伤。挤包穿伞工艺生产的复合绝缘子，护套使用挤出机把硅橡胶胶料挤包到芯棒上，胶料和芯棒之间的温度、压力不大，并且在高温、高压下停留的时间比较短，护套与芯棒的粘接可靠程度不高，内部就不可避免地存在气泡及不粘缺陷。同时由于挤包护套的压力不够，护套的抗撕裂程度都很低，虽然刚刚投入运行时并不会表现出什么异常，但随着运行时间的增长，护套容易开裂。套装灌胶工艺生产的复合绝缘子，其运行效果更差。因此试验中出现了随着运行年限的增加，温升高的比例增大的试验结果。这次温升试验中未发现整体注射成型的被试品出现温升高的情况，这表明由这种生产工艺生产的产品，芯棒与伞裙护套粘接可靠。主要原因是由这种工艺生产的产品，内绝缘面最少，硅橡胶在高温、高压及一定的硫化时间下确保了复合绝缘子长期运行后的内绝缘质量。

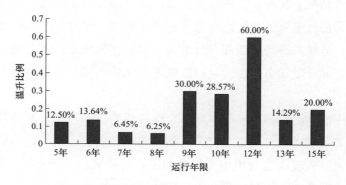

图 4-11　各年度温升异常比例统计图

G 省电力公司 F 局就连续发生过两次挤包穿伞复合绝缘子内击穿事故，针对这一问题，G 省电力集团试研所对有缺陷的复合绝缘子进行了 30min 80％闪络电压工频耐受下温升试验，发现有异常发热的绝缘子其电气性能下降严重。因此 G 省电力公司专门下发文件对新建工程和技改项目暂停选用挤包穿伞式工艺生产的复合绝缘子，建议选用整体注射或分段注射成型的复合绝缘子；对 220kV 电压等级及以上重要区域联络线和重载线路及时更换；其他线路采取登杆红外测温方法进行检测，并将检测结果上报省公司。图 4-12 是红外成像技术监测复合绝缘子温升试验情况。

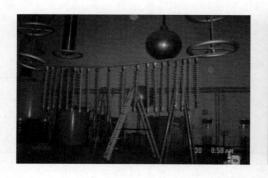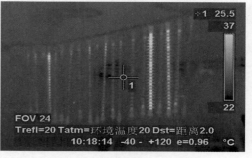

图 4-12　红外成像技术监测复合绝缘子温升试验情况

从发热情况来看，发热点主要集中在环氧玻璃纤维芯棒上，伞裙未发现发热现象；发热点都是从高压端向低压端发展，最高发热点均出现在端球头连接部；在同一批次的试品当中，横比温度上升的情况，发热最严重的温度差在 30K 以上。对温升较大的试品进行了外观检查，发现温升较大的复合绝缘子表面污秽十分严重，伞裙护套发黑，端部连接部位密封胶脱落，芯棒护套有破损现象。随后我们又进行了多次正负极性陡波试验，发现有 1 支未能通过试验，发生了击穿。对这支未通过试验的复合绝缘子进行检查，发现它是 A 厂早期产品，经过长时间运行，护套与伞裙之间产生了明显的缝隙，在陡波冲击过程中因缝隙处场强集中而造成了陡波试验击穿现象。下面对复合绝缘子温升过高的可能原因进行分析。

（1）芯棒与护套粘接不良存在气隙或者气泡，在电场作用下气泡内场强会更高，气泡击穿产生局部放电，局部放电致使护套绝缘老化，产生裂纹，在外部水汽、酸的作用下，表面泄漏电流逐步增大，造成芯棒高压端部温升增大，如果这种现象继续发展，最终会造成端部芯棒的内绝缘损坏，成导电状态，然后局部放电逐步向低压端发展，直至整支复合绝缘子造成芯棒内击穿。

（2）复合绝缘子使用的芯棒是环氧树脂粘合玻璃纤维丝引拨棒，其质量与厂家所用树脂和玻璃纤维的质量关系很大，也与工艺有关。如果芯棒在制造过程中内脱模剂混合不均，或者模具精度不够，会造成玻璃丝与树脂界面有缺陷，芯棒表面"起皮"，这种界面缺陷同样会残留气泡，产生局部放电，引起发热。

（3）护套材料耐电场、耐老化能力不强，在强电场及臭氧和酸性物质作用下，护套会加速老化，经过长时间的运行，芯棒护套会产生大量裂纹和缝隙，水汽慢慢侵入，造成局部放电，产生发热，进一步破坏护套与芯棒。

运行经验和研究表明：复合绝缘子相对悬式瓷、玻璃绝缘子而言，易遭受工频电弧损坏，表现为伞裙和护套粉化、蚀损和漏电起痕及炭化严重，芯棒暴露和机械强度下降。所以复合绝缘子需要在两端安装均压装置，使工频电弧飘离绝缘子表面。另外，均压装置还应保护两端金属附件连接区不因漏电起痕及电蚀损导致密封性能破坏。复合绝缘子安装均压装置后，其干弧距离小于相同结构高度的瓷、玻璃绝缘子串，无疑降低了电气绝缘强度。例如，110kV 复合绝缘子没有安装均压装置和安装了均压装置后，50％雷电冲击闪络特性对比试验结果如表 4-9 所示。

表 4-9　　　　　110kV 复合绝缘子 50％雷电冲击闪络特性对比试验结果

结构	实测绝缘距离（mm）	闪络电压（kV）	降低幅值（%）
没有安装均压装置	1060	712.7	—
高压端安装均压装置	960	620	13.0
高、低压端都安装均压装置	880	560	21.3

由表 4-9 可知，在高压端安装了均压装置后，雷电冲击闪络电压较无均压装置情况下有不同程度的降低，且随着均压装置罩入深度的增加，绝缘距离有所减少，闪络电压降低幅度

加大。当在绝缘子两端都装上均压装置后，雷电冲击闪络电压较高压端装上一个均压装置时的闪络电压值又要低了许多，最高降低幅值达 21.3%。50%雷电冲击闪络电压过低，对运行中的复合绝缘子来说是很不利的。

3. 试验结论

（1）对同一条件、同一批次的复合绝缘子采用红外成像技术测量温升，可有效反映一些绝缘缺陷。对检测到的温升在 20K 以上的复合绝缘子进行外观检查，都能发现密封受损现象。

（2）挤包穿伞和套装灌胶两种生产工艺的复合绝缘子在工频耐受及温升试验中出现的异常情况较多，并且这两种生产工艺生产的产品目前在 H 省运行较多，这一现象应引起运行部门的重视。

（3）从抽检试验结果来看，温升高的复合绝缘子其工频干耐受水平仍然较高，就目前情况来看，电气性能可以满足现场安全运行的要求，但这种情况是影响 H 省复合绝缘子安全稳定运行的一个隐患。

（4）建议对新建工程和技改项目暂停选用挤包穿伞式工艺生产的复合绝缘子，选用整体注射或分段注射成型的复合绝缘子。

（5）G 省的运行实践经验表明，复合绝缘子红外测温方法是检测运行中复合绝缘子界面发热、预防内绝缘丧失造成内击穿事故发生的一种有效方法。建议把红外测温方法在日常检测工作中制度化，对于挂网运行在 5 年以上的复合绝缘子，建议各运行单位根据自己的运行情况每年按不少于 5%的比例进行红外测温，如果发现异常，宜进行登杆红外检测，并加大检测的比例。

从运行情况来看，复合绝缘子在 H 省的运行情况总体上良好，尤其是在防止污闪事故发生方面经受住了考验，但是 H 省发生的一些事故和异常情况就其性质而言，有的还是相当严重的，因此不可忽视和掉以轻心。从发生事故的原因来看，不明原因造成的复合绝缘子闪络、鸟害闪络和内部击穿闪络所引发的事故和故障比例较大，占到了复合绝缘子故障总数的 74%。其他原因，如污闪、雷击和覆冰等原因造成的闪络也有发生。从运行年限来看，复合绝缘子老化程度随运行时间的增长而增加，运行年限超过 10 年的复合绝缘子，其伞裙护套经外观检查，老化比较严重，近 5 年挂网运行的复合绝缘子情况较好。另外，不同厂家的产品随运行情况老化的程度也不尽相同。复合绝缘子经过长期运行以后，其憎水性和憎水迁移性都有不同程度的下降，运行时间越长，挂网运行外界环境越恶劣，憎水性和憎水迁移性下降越多。从抽检的情况来看，被试品的憎水性普遍达到了 HC4 级以上，但也出现了部分厂家运行两年的产品憎水性达到 HC6 级的个例，这对入网绝缘子的检验提出了更高的要求。采用挤包穿伞和套装灌胶生产工艺的复合绝缘子在这次工频耐受及温升试验中出现的异常情况较多，这一现象应引起运行部门的重视。建议对新建工程和技改项目积极选用整体注射或分段注射成型的复合绝缘子。复合绝缘子的有效绝缘距离短，因此造成了复合绝缘子耐雷水平较瓷绝缘子串低。为保护绝缘子不受电弧闪络烧伤，最好在绝缘子两端都安装均压环，虽然会增加雷击闪络跳闸，但重合成功率很高。为提高复合绝缘子的耐雷水平，在雷击多发区应适当增加复合绝缘子干弧距离。

在现场巡线工作中，红外成像测温技术可以有限检测到复合绝缘子异常发热现象，能够对其内部缺陷进行诊断，从而进行有效的预防。

第三节　复合绝缘子典型故障案例分析

复合绝缘子具有耐污性能好、质量小、强度高、易安装、少清扫和无须测零等优点，可以极大提高输电线路和电力设备的可靠性，已在我国电力系统中得到了广泛使用。目前各省网公司 500kV 及以下线路悬垂串绝缘子选型一般以复合绝缘子为主，随着复合绝缘子挂网数量的增多、运行年限的增加，发生的故障也越来越多。本章针对复合绝缘子的故障进行了分析，并给出了实际案例。

一、脆性断裂案例分析

1. G 省某 220kV 线路复合绝缘子脆性断裂故障介绍

（1）故障基本情况。G 省某 220kV 线路 X 站重合闸不成功，经巡线发现 57 号塔 B 相（水平排列中相）复合绝缘子发生断裂，断串点位于绝缘子下端第二片伞裙根部，绝缘子均压环随导线掉落地面。经观察，芯棒端口呈现平整断裂面，初步认为此次断串属于典型的复合绝缘子芯棒脆断故障。该故障绝缘子投运时间为 1992 年，型号为 FXBW4-220/100WQ，使用的是非耐酸芯棒。

（2）故障分析。绝缘子断口（见图 4-13）平齐，无毛刺，同时脆断发生在高压侧。故障外形与典型的脆断外表很接近。对复合绝缘子表面形貌进行观察，绝缘子表面积污较严重，试品伞裙有微小形变，但无破损现象。

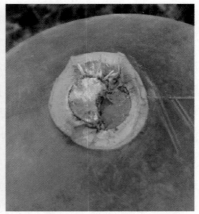

图 4-13　断口形貌图

2. H省某500kV线路复合绝缘子脆性断裂故障介绍

(1) 故障基本情况。某年1月24日，H省某500kV线路出现复合绝缘子断串事故，断裂的绝缘子为ZLM（3）型杆塔3支悬垂单联复合绝缘子中的1支（中相），事故发生后对该杆塔所有复合绝缘子进行了更换，并更换了4支故障点附近塔位的绝缘子，做抽检和对比试验使用。该故障绝缘子挂网时间为2006年，型号为FXBW4-500/180，端部金具的工艺为常规压接式，芯棒采用的是某公司生产的耐酸芯棒。

(2) 实验室外观检查与解剖分析。

1) 断口情况。该绝缘子断裂发生在高压侧（球头侧）第一片大伞裙和小伞裙之间，芯棒断面除边缘处有少量"拉丝"现象外，大部分断面整齐（见图4-14），具有一定的脆断特征。

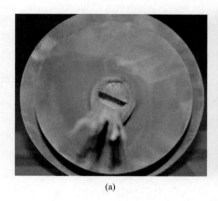 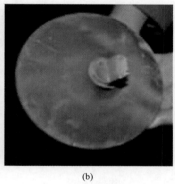

(a)   (b)

图4-14　断面

（a）球窝侧断面；（b）球头侧断面

2) 护套密封性情况。测试人员仔细检查了整支断裂绝缘子，绝缘子硅橡胶护套弹性良好，外观完整，对芯棒的覆盖严密，无明显缺陷。硅橡胶断口新鲜完整，无陈旧性伤痕，在绝缘子断裂过程中被扯断的特征明显。研究人员对断裂的两段复合绝缘子进行了局部解剖（见图4-15），没有发现明显的进水现象和进水途径。

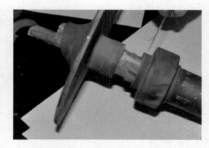

图4-15　局部解剖结果

3) 憎水性情况。对断裂绝缘子及抽样更换下的绝缘子进行了憎水性试验，试验结果如图4-16所示。从试验结果可知，憎水性级别在HC4～HC5。断裂绝缘子仍然具有一定的憎水性，依据标准可以继续运行，跟踪检测。

4) 耐应力腐蚀试验。将发生故障的绝缘子按照试验要求处理后，1月28日上午10时30分开始对绝缘子芯棒材质进行耐应力腐蚀测试，结果在试验20～22h之间，发生断裂。试验证明该支运行后的芯棒未通过耐应力腐蚀测试。

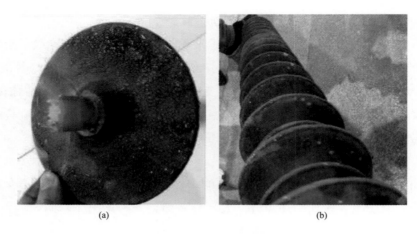

(a)　　　　　　　　　　　(b)

图 4-16　憎水性检测结果

（a）断裂绝缘子；（b）抽样绝缘子

（3）总结与措施。故障线路的复合绝缘子日常运行维护到位，抽检结果正常，运行中无明显缺陷或异常。抽检的绝缘子憎水性、拉力试验结果符合规程要求，满足继续运行条件。故障绝缘子硅橡胶材料弹性良好，护套完整，外观无明显缺陷。该批次产品使用的芯棒正处于耐酸芯棒发展阶段，无硼纤维生产技术不太完善，从而导致了该期故障的发生。

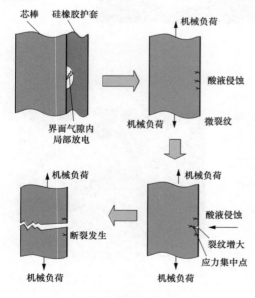

图 4-17　脆断发展过程示意图

3. 脆断故障机理分析与小结

结合相关的案例分析与目前的相关研究，复合绝缘子脆断故障常常归因为复合绝缘子端部密封性能不足而导致的酸液渗入，同时界面气隙内局部放电并结合水分也会产生酸液，芯棒在酸性应力腐蚀作用下产生微裂纹导致的局部应力集中效应，最终导致脆断故障的发生，其过程如图 4-17 所示。

在实验室中，针对细芯棒样品进行 96h 的应力腐蚀试验，针对不同的裂缝方向，观测不同的裂缝角度下的脆断形貌，如图 4-18 所示。

芯棒本身带有的微裂纹等缺陷会加速芯棒的脆断，断裂缝端部应力集中，使得脆断沿着裂缝发生，同时当裂缝缺陷角度不同时，应力分布特性使裂缝缺陷倾向于向水平方向发展，从而脆断的断口形貌往往为"齐口形"。

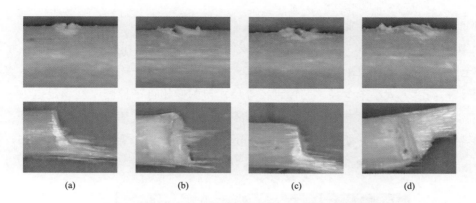

图 4-18　不同裂缝角度及其断口形貌

(a) $\alpha=0°$；(b) $\alpha\neq0$（一）；(c) $\alpha\neq0$（二）；(d) $\alpha\neq0$（三）

二、芯棒酥朽案例分析

复合绝缘子芯棒酥朽会导致两种不同的故障：酥断和内击穿。复合绝缘子芯棒发生酥朽后，会导致机械强度和绝缘性能的下降，若复合绝缘子机械强度降低严重断裂即为酥断；若复合绝缘子绝缘强度降低迅速导致击穿即为内击穿。复合绝缘子芯棒酥朽与发热有密切相关性，因酥朽导致的断裂多发生在 500kV 线路，因酥朽发生的内击穿多发生在 110、220kV 线路，500kV 线路也偶尔发生。

复合绝缘子芯棒酥朽可能是在受潮、放电、热电解、酸性介质、机械应力共同作用下的一种异常现象。

酥断的芯棒宏观断面不光滑，芯棒质地变酥，形如枯朽的木头，芯棒粉化、玻璃纤维与环氧树脂基体相互分离；护套与芯棒间的界面失效区域多与高压端之间通过碳化通道相连，发生断裂的绝缘子在断裂之前存在异常温升现象。复合绝缘子酥断的典型特征是芯棒中环氧树脂基体的降解、劣化，这是区别酥断与脆断、大屈曲断裂最直接的判据。

复合绝缘子内击穿后，复合绝缘子护套类似从内部炸裂，局部护套完全裂开，护套和芯棒会出现大面积烧黑，击穿面邻近的芯棒呈现疏松状。

复合绝缘子酥断和内击穿本质都是芯棒发生酥朽，外在表现是酥朽导致断裂或酥朽导致绝缘击穿。

1. H 省某 500kV 线路复合绝缘子酥断介绍

（1）故障基本情况。某年 12 月 6 日 20 点 22 分，H 省某 500kV 线路 C 相跳闸，重合不成功，三相跳闸。线路跳闸原因为 H 省某 500kV 线路 7 号塔 C 相（上相）单 V 形串复合绝缘子右串断串。H 省某 500kV 线路 7 号塔为直线杆塔，型号为 500SZV441P，呼称高 30m，塔高 58m，垂直档距为 316m，小号侧档距为 403m，大号侧档距为 312m。绝缘子为单 V 形串结构，型号为 FXBW4-500/210，生产厂家为 D 厂，出厂日期为 2006 年 8 月，投运日期为 2007 年。线路跳闸后根据分布式故障诊断系统信息，H 省公司迅速查明了故障位置，在保障安全的前提下组织抢修作业，快速恢复送电。

（2）实验室解剖分析。故障绝缘子自导线侧第 1 片和第 2 片大伞之间断裂，导线侧起（下同）至第 17 个大伞区段伞套整体脏污严重。断口形貌如图 4-19 所示。经尺寸检查，该复合绝缘子结构高度、大小伞伞径、芯棒直径等尺寸与图样相符；护套厚度满足电力行业标准 DL/T 1000.3—2015《标称电压高于 1000V 架空线路用绝缘子使用导则　第 3 部分：交流系统用棒形悬式复合绝缘子》要求（不小于 4.5mm）。伞裙憎水性等级为 HC5～HC6，憎水性基本丧失。经邵氏硬度计测量，伞裙硬度基本为 65～75。

图 4-19　断口形貌（一）

1）断口情况。断口位于高压端第 1 片和第 2 片大伞之间，距导线侧球头 43cm 位置。断口形貌如图 4-20 所示。断口断面不光滑，芯棒明显变色、粉化、质地变酥、形如枯朽的木头，玻璃纤维与环氧树脂基体相互分离，芯棒部分炭化，呈现绝缘子酥朽断裂特征。芯棒断裂处附近硅橡胶护套与玻璃钢芯棒之间可用手轻易剥离。

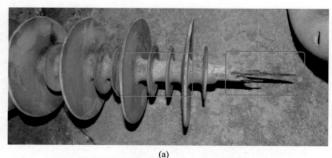

(a)

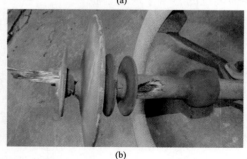

(b)

图 4-20　断口形貌（二）

（a）横担侧断口；（b）导线断口侧

2）护套穿孔情况（见图 4-21）。故障绝缘子高压端一侧护套上出现若干电蚀孔，越靠近断口，电蚀孔分布越集中。其中第 2～3 大伞间（最接近断口）的孔洞明显，在远离断口的第 10～11 大伞间，也发现若干孔洞。孔洞内部呈现暗灰色，并在孔洞正下方发现炭化颗粒。

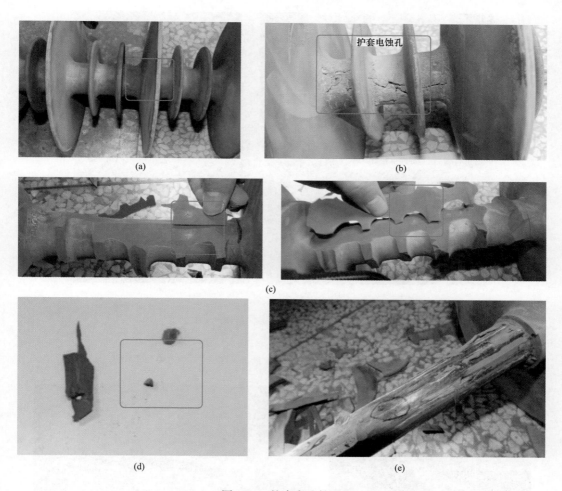

图 4-21　护套穿孔情况

（a）第 10～11 片大伞间的电蚀孔（导线侧起）；（b）第 2～3 片大伞间的电蚀孔（导线侧起）；

（c）护套孔洞内部形貌；（d）炭化颗粒；（e）剥离颗粒后的芯棒

3）芯棒劣化情况（见图 4-22）。导线侧起至第 17 个大伞区段伞套整体脏污严重，呈现明显的黑灰色。剖解发现，该区段芯棒明显变色、玻璃纤维暴露，并且呈现出越接近断口，芯棒劣化越为严重的规律。

4）端部金具情况。故障绝缘子导线侧的端部金具（见图 4-23）内部出现金属锈蚀现象，芯棒表面出现明显劣化痕迹，表明芯棒与硅橡胶之间界面曾遭受水汽侵蚀。

（3）总结与措施。故障绝缘子缺陷特点如图 4-24 所示。根据该复合绝缘子断裂口并结合解剖过程认为，该绝缘子损坏形式为酥朽断裂。该复合绝缘子断串原因为高压端护套老化致护套与芯棒间的界面失效，在受潮、放电电流、机械应力共同作用下环氧树脂劣化降解，芯棒承受不住正常的机械负荷而断裂。

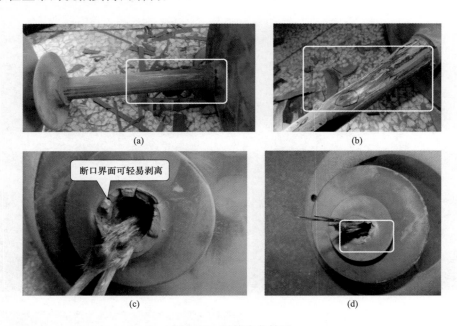

图 4-22　芯棒劣化情况

（a）第 17 片大伞芯棒劣化痕迹（远离断口侧）；（b）第 3 片大伞芯棒劣化痕迹（近断口侧）；

（c）断口（地端）处芯棒与硅橡胶表面；（d）断口（导线端）处芯棒与硅橡胶表面

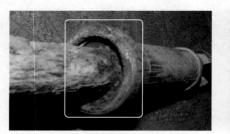

图 4-23　故障绝缘子导线侧的端部金具

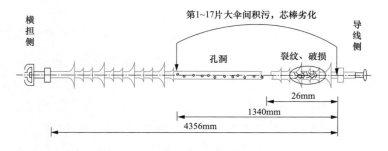

图 4-24　故障绝缘子缺陷特点示意

暴露的主要问题如下：

1）单 V 形串复合绝缘子安全系数不高。单 V 形串复合绝缘子虽满足《国网运检部关于开展复合绝缘子防掉串隐患治理工作的通知（运检二〔2015〕45 号）》等各项反措要求，但如断串极有可能造成线路故障，甚至造成导线受损断裂。

2）复合绝缘子运维检测手段不足。运行中的绝缘子红外检测受外部环境和拍摄角度的影响较难获得绝缘子本体的真实红外图谱，需要登塔选定合适的角度才能进行检测，工作量大、缺陷发现效率不高。直升机红外检测也存在较大的漏检率。

3）直升机航巡资料后续分析应用有待加强。目前，国网通航公司直升机巡检发现的缺陷清单及照片会当天提交给省检修公司，但不反馈疑似缺陷，且原始影像资料（含红外热图）一般于当年度航巡作业全部完毕后 30 天内提交。省检修公司未能及时跟踪获取国网通航公司航巡作业同步影像资料并进行分析研判。

2. M 省某 500kV 线路复合绝缘子内击穿介绍

（1）故障概述。某年 5 月 25 日 14 时 40 分 20 秒，M 省某 500kV 线路 B 相跳闸，重合闸动作成功。现场发现故障塔 B 相小号侧复合绝缘子开裂，本体有明显的放电通道痕迹，线路对树、对地净空距离满足安全距离要求，周边未发现可疑易漂物等异常情况。故障复合绝缘子为 B 相左串小号侧串，双 V 形串布置，型号：FXBW-500/210，结构高度 4450mm，生产厂家为 X 厂，出厂日期为 2006 年 4 月，投运日期为 2007 年 4 月。

（2）实验室检测分析。

1）外观与憎水性。故障复合绝缘子伞裙为小—小—大伞结构，共 44 组伞裙，结构高度 4450mm，干弧距离约 4100mm。伞裙护套颜色为灰色。伞裙较柔软，表面出现明显粉化现象。

对故障复合绝缘子进行憎水性测试（见图 4-25），粉化区域憎水性为 HC2～HC3 等级，憎水性良好。污层区域憎水性较差，为 HC5～HC6 等级。

图 4-25　憎水性检测

2）护套与芯棒剖检情况。故障复合绝缘子自导线侧起 3000mm 范围内护套表面出现明显孔洞和裂纹，部分孔洞和裂纹面积较大，可明显观察到芯棒形貌。近横担侧 1100mm 左右护套未见明显异常。导线侧和中部护套孔洞或裂纹分别见图 4-26、图 4-27。

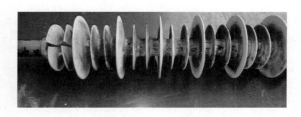

图 4-26　导线侧护套孔洞及裂纹

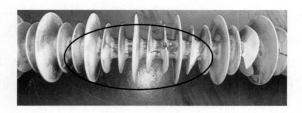

图 4-27　中部护套孔洞及裂纹

故障复合绝缘子自导线侧起 3000mm 范围内芯棒出现明显劣化情况，劣化最远发展至 3000mm 左右，与护套孔洞裂纹发展位置相对应，分别见图 4-28～图 4-30。

图 4-28　球头侧芯棒

图 4-29　中部芯棒

图 4-30　芯棒劣化发展末端

3）护套与芯棒界面情况。故障绝缘子自导线侧起约 3000mm 区段芯棒与护套界面失效，可轻易分离护套与芯棒。横担侧芯棒与护套界面粘接未发现明显异常。绝缘子导线侧、中部的护套内表面、芯棒外表面存在明显放电烧灼发黑痕迹，分别如图 4-31、图 4-32 所示。

图 4-31 芯棒护套界面粘接

图 4-32 护套内部放电烧灼发黑

4）端部金具情况。球头侧端部护套出现较大面积孔洞，肉眼可见绝缘子芯棒形貌，球头侧端部金具内侧出现锈蚀情况，分别见图 4-33、图 4-34。碗头侧金具未见明显异常。

图 4-33 端部护套破损

图 4-34 金具内侧出现锈蚀

（3）击穿路径分析。结合故障绝缘子剖检情况判断，认为此次复合绝缘子击穿路径为复合绝缘子芯棒酥朽老化造成绝缘性能下降导致的内击穿，击穿路径如图 4-35 所示。

图 4-35 击穿路径示意图

三、大屈曲断裂案例分析

1. H 省某 500kV 线路复合绝缘子大屈曲断裂分析

（1）故障概述。某年 7 月 5 日 17 时 08 分 34 秒，H 省某 500kV 线路 Y 线跳闸，两侧站两套主保护动作，重合闸动作，重合不成功；故障相别：C 相，检查一、二次设备无问题，B 变电站天气：阴，四五级大风。

故障基本情况如表 4-10 所示。

表 4-10　　　　　　　　　　故 障 基 本 情 况

电压等级（kV）	线路名称	跳闸发生时间（年/月/日/时/分/秒）	故障相别（或极性）	重合闸/再启动保护装置情况	强送电情况		备注
					强送时间	强送是否成功	
500	Y 线	某年 7 月 5 日 17 时 08 分 34 秒	C 相	重合未成功	17 时 51 分	是	线路试发成功

（2）故障巡视及处理。查线人员发现 Y 线 0322 号塔 C 相导线、铁塔左侧曲臂 K 点上方约 1m 处塔材上方有放电痕迹，判断为该线 7 月 5 日 17 时 08 分跳闸故障点。具体故障点及放电通道如图 4-36～图 4-38 所示。

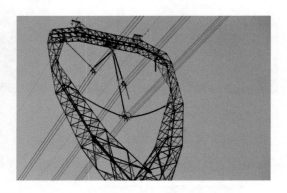

图 4-36　Y 线 0322 号 A、C 相绝缘子　　　　图 4-37　Y 线 0321 号塔 A 相右 V 形
串断裂情况及放电通道示意图　　　　　　　　　　　串复合绝缘子断裂

图 4-38　Y 线 0322 号塔身放电痕迹

（3）故障原因分析。故障区段周围区域大量树木倒伏、断裂，风向为西北风。经检查断裂的复合绝缘子，无密封破坏痕迹，可排除酸液腐蚀因素。断口参差不齐、疏松、类似木材反复弯折的效果，符合弯曲断裂的特征，为单纯的弯曲疲劳破坏。断裂点在绝缘子中部而非端部（中部不易形成局部超大弯曲载荷），导线及连接金具上无硅橡胶护套摩擦产生的红色粉末，整体均匀弯曲载荷断裂。

根据 DL/T 1058—2016《交流架空线路用复合相间间隔棒技术条件》，要求 6m（6000mm）长度的相间间隔棒可承受 600mm 挠度不少于 30 万次。因此，对于 Y 线二线采用的 4600mm 长度的绝缘子，其承受 950～1100mm 挠度已属于极度严酷工况，绝缘子在屈曲疲劳作用下最终导致绝缘子芯棒发生机械断裂。

2. 复合绝缘子现场吊装时断裂分析

（1）故障基本情况。现场吊装时断裂情况：断裂绝缘子为某公司生产的 FXBZ-±800/420 棒形悬式复合绝缘子，出厂编号为 13040040，出厂日期为 2013 年 4 月。断裂位置位于高压端端部金具与护套交界面，如图 4-39 所示，断裂面是悬式复合绝缘子弯曲负荷最薄弱点。断面呈现两种形状，一侧较平整，一侧呈刷状，直观判断一侧是受压力造成的，另一侧是受拉力造成的。

图 4-39　断面情况

（2）故障原因分析。为进一步验证已挂网的 28 支 420kN 复合绝缘子是否有质量问题，专家组与施工单位协商后，从现场抽样取回 3 支复合绝缘子进行验证性实验，项目包括伞裙护套、端部金具外观检查，根部解剖后芯棒检查，机械拉伸负荷试验。验证性试验结果（见表 4-11）表明，被抽检的 3 支复合绝缘子试验结果合格。

表 4-11　　　　　　　　　　　　　　　　抽 检 试 验 结 果

试品编号	出厂编号	外观检查	芯棒检查	机械拉伸破坏负荷
1	—	铭牌已遗失。端部金具及附近伞裙无明显损伤	高压侧芯棒未见损伤	560kN，环断裂
2	13040027	端部金具及附近伞裙无明显损伤	高压侧芯棒未见损伤	579kN，抽芯
3	—	铭牌已遗失。端部金具及附近伞裙无明显损伤	高压侧芯棒未见损伤	572kN，抽芯

棒形悬式复合绝缘子的最大特点是抗拉不抗弯，其能承受的拉伸负荷与弯曲负荷远不成比例。以 110kV 复合支柱绝缘子为例，其芯棒直径为 70mm，额定弯曲破坏负荷为 10kN。而断裂的 420kN 复合绝缘子，结构高度为 10.6m，若不考虑芯棒直径的影响，简单估算其弯曲负荷小于 1kN，即对应的质量约为 100kg。实际上，芯棒直径变细，其额定弯曲破坏负荷还要大打折扣。

据了解，施工单位起吊过程（见图 4-40）分两步进行：第 1 步，利用 2 台机动绞磨同时起吊，使复合绝缘子、悬垂联板及横梁竖直悬空；第 2 步，横梁下端离开地面 1.4m 时，起吊暂停并安装五轮滑车，继续起吊。

单支复合绝
缘子：80kg

断裂处

悬垂联板及横
梁：249.7kg

两个滑车：
500kg

图 4-40　吊装过程图

第 1 步起吊过程中，可能存在端部金具与 U 形环（见图 4-41）别住，使复合绝缘子承受较大弯曲负荷的情况，此弯曲负荷使芯棒受伤形成断裂面，但芯棒并未完全断裂；第 2 步起吊过程中，连接滑车增加质量后起吊，刚离地面，芯棒完全断裂。

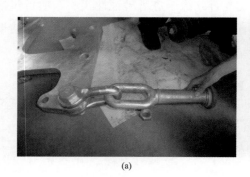
(a)

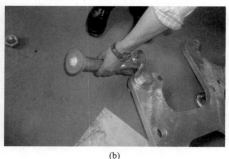
(b)

图 4-41　端部金具与安装 U 形环

（a）正常；（b）卡住

针对该种断裂情况，应注意到环环连接结构有可能存在因卡住而受弯的受力状态，施工时应在起吊前检查环环连接部位的活动性，若有卡住受弯曲力的情况，应及时重新调整各部件的安装位置。

结合脆性断裂、酥朽断裂案例及本节的相关案例分析，本书对复合绝缘子断裂故障做出如下小结：

针对目前出现的脆断故障，220kV 线路复合绝缘子较多，500kV 线路复合绝缘子相对较少，脆断位置一般出现在高压端，断口呈现平整断裂面。复合绝缘子在应力腐蚀作用下会逐渐产生微裂缝，并且在微裂缝头部应力集中，使脆断沿着裂缝发生。裂缝缺陷角度不同时，应力分布特性使裂缝缺陷倾向于向水平方向发展，从而脆断的断口形貌往往为"齐口形"。针对脆断问题，一般采用耐酸芯棒即可有效降低脆断故障的发生率。

针对目前出现的酥朽断裂故障，500kV 及以上电压等级线路绝缘子较多，220kV 线路绝缘子比较少，绝缘子芯棒酥朽断裂情况主要出现在高压端，集中出现在第 5～10 个大伞裙之间，其断口芯棒断口处不整齐，呈扫帚状，且有明显腐蚀痕迹，同时存在酥朽缺陷的复合绝缘子在断裂前往往伴随着严重的温升现象。出现酥朽断裂的复合绝缘子其运行时间跨度比较大，运行年限在 7～20 年之间的产品都有出现过酥朽断裂故障的情况。

针对大屈曲断裂故障，一般是 V 形串配置的复合绝缘子，在极端大风影响下，其最大应力超过了允许应力值，从而导致了断裂。这种断裂故障与绝缘子质量无关，主要是特殊气象超出设计造成断裂。针对大屈曲断裂，主要改进措施可采用双 V 形结构及优化联板设计，增加防风舞动抑制措施等手段，同时巡线时应重点关注大风垭口、垂直/水平荷重（K/V 值）较低的直线杆塔。特别的，在安装复合绝缘子时，要注意保持连接处的活动，防止连接件卡住造成安装过程中受力过大而导致的大屈曲断裂。

脆性断裂、酥朽断裂和大屈曲断裂三种复合绝缘子断裂故障特点对比分析如表 4-12 所示。

表 4-12　脆性断裂、酥朽断裂和大屈曲断裂三种复合绝缘子断裂故障特点对比分析表

故障类型	脆性断裂	酥朽断裂	大屈曲断裂
故障线路类型	220kV 线路复合绝缘子较多，500kV 线路绝缘子相对较少	500kV 及以上电压等级线路绝缘子较多，220kV 线路绝缘子比较少	V 形串绝缘子
断口位置	高压端前几大伞	高压端，集中出现在第 2～10 个大伞裙之间	绝缘子中部和近低压端三分之一处
断口形貌	平整断裂面	扫帚状断口，芯棒明显变色、粉化、质地变酥	断口参差不齐、疏松、类似木材反复弯折的效果
故障原因	水分浸入，放电产生酸液，造成非耐酸性应力腐蚀	界面缺陷引起电场畸变，导致局部放电与芯棒表面微电流，导致环氧树脂裂解，降低芯棒机械强度	背风侧复合绝缘子在极端大风条件下，最大应力超过了允许应力值，从而会导致断裂

四、鸟啄故障案例分析

1. H 省 110kV 某线路复合绝缘子鸟啄故障

（1）故障概述。某年 10 月 16 日，在 110kV P 线登塔检查过程中，发现有 34 支耐张绝缘子被鸟类叨啄破坏。

（2）鸟啄损伤分析。现场分析可以发现，该耐张串的复合绝缘子伞裙部分出现了较严重的损伤，如图 4-42 所示。

2. H 省 220kV 某线路复合绝缘子鸟啄故障

（1）故障概述。某年 2 月 13 日，在 220kV C 线登塔检查中发现 44、53、54、73 号塔有 17 串绝缘子被鸟啄伤。巡线人员对相关绝缘子进行了更换。

（2）鸟啄损伤分析。现场分析可以发现，鸟啄损伤的复合绝缘子各伞裙出现了不同程度的裂口损伤，如图 4-43 所示。

图 4-42　110kV 鸟啄损伤情况

图 4-43　220kV 某线路鸟啄损伤情况

3. H 省±800kV 某线路鸟啄故障

（1）故障概述。该线路共有复合绝缘子 1976 串，鸟啄直线串 12 串，比例为 0.6%，线路遭受鸟啄的地区主要为平原。

（2）鸟啄损伤分析。由现场损伤情况分析可以发现，该线路复合绝缘子鸟啄损伤（见图 4-44）在芯棒护套及压接处较多，护套被鸟类叼啄，造成了一定程度的裸露。

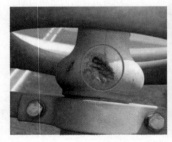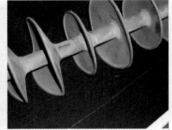

图 4-44　±800kV 某线路鸟啄损伤

由鸟啄损伤问题统计分析发现，复合绝缘子鸟啄伞裙损伤和芯棒护套损伤各约占棒形悬式复合绝缘子鸟啄损伤的 50%。对于伞裙损伤位置，整体上高压端位置居多，且主要集中在前 1～2 组伞裙。其中，多数棒形悬式复合绝缘子鸟啄伞裙损伤形状近似为圆弧形，少数棒形悬式复合绝缘子鸟啄伞裙损伤形状近似为三角形，这是因为鸟类在叼啄绝缘子时，一般双脚站立，通过转动头部来啄食伞裙；鸟啄伞裙损伤存在一组伞裙多处损伤情况，但是一组伞裙损伤数量一般不超过 4 处；受鸟啄的绝缘子附近以平原为主，同时周边也具有一定的树林等鸟类栖息地。

现场分析可以发现鸟啄损伤问题一般不会造成直接的跳闸故障，但是复合绝缘子伞裙受严重鸟啄后，会影响复合绝缘子整体电场分布，护套受鸟啄，易导致芯棒护套界面密封性下降，水分酸液浸入等导致芯棒性能劣化。

在实验室内，可采用人工模拟缺陷绝缘子的方法对鸟啄损伤进行模拟，如图4-45所示。

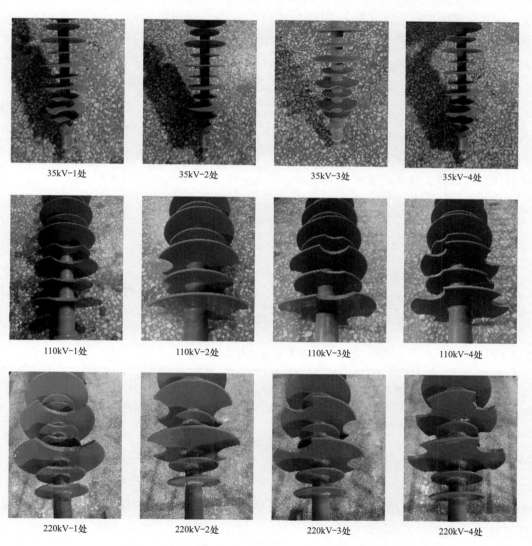

35kV-1处 35kV-2处 35kV-3处 35kV-4处

110kV-1处 110kV-2处 110kV-3处 110kV-4处

220kV-1处 220kV-2处 220kV-3处 220kV-4处

图4-45　人工模拟鸟啄损伤绝缘子

在实验室内，对于不同鸟啄伞裙损伤后的绝缘子进行电场数值仿真，分析发现：①伞裙损伤对棒形悬式复合绝缘子整体沿面电场分布有一定影响，会导致绝缘子沿面电场强度最大值增大。随着损伤程度增大，绝缘子沿面电场强度最大值增大的幅值提高，同等损伤面积下，损伤数量增多，沿面电场强度最大值增大的幅值降低。随着绝缘子电压等级增大，结构高度的增长，伞裙损伤对棒形悬式复合绝缘子沿面电场强度最大值的影响逐渐减弱。②伞裙损伤对棒形悬式复合绝缘子损伤缺口处电场分布有较大影响，会导致损伤缺口处电场强度最大值增大。随着损伤程度增大，损伤缺口处电场强度最大值畸变幅值增大，同等损伤面积下，损伤数量增多，损伤缺口处电场强度最大值畸变增大的幅值减小。

在实验室内，对于人工模拟的不同鸟啄损伤后的绝缘子进行了污闪试验，结果表明：①伞裙损伤导致棒形悬式复合绝缘子污闪电压下降，随着损伤程度增大，绝缘子交流污闪电压下降的幅值增大。同等损伤面积下，损伤数量增多，绝缘子交流污闪电压下降的幅值减小。随着绝缘子电压等级增大，结构高度的增长，伞裙损伤对棒形悬式复合绝缘子交流污闪电压的影响逐渐减弱。②伞裙损伤会降低棒形悬式复合绝缘子爬电距离污闪电压梯度 E_L 和干弧距离污闪电压梯度 E_H。随着损伤程度增大，爬电距离污闪电压梯度 E_L 与干弧距离污闪电压梯度 E_H 下降的幅值增大。同等损伤面积下，损伤数量增多，爬电距离污闪电压梯度 E_L 与干弧距离污闪电压梯度 E_H 下降的幅值减小。随着绝缘子电压等级增大，结构高度的增长，伞裙损伤对棒形悬式复合绝缘子爬电距离污闪电压梯度 E_L 和干弧距离污闪电压梯度 E_H 的影响逐渐减弱。

五、鸟粪故障案例分析

1. H 省 500kV 某线路复合绝缘子鸟粪闪络故障

(1) 故障概述。某年 1 月 3 日 7 时 38 分，H 省 500kV 线路 P 线双纵联保护动作跳闸，选相 A 相，重合成功。500kV P 线故障基本情况如表 4-13 所示。

表 4-13　　　　　　　　　　　　500kV P 线故障基本情况

电压等级 (kV)	线路名称	跳闸发生时间 (年/月/日/时/分/秒)	故障相别 (或极性)	重合闸/再启动保护装置情况	强送电情况		故障时负荷 (MW)	备注
					强送时间	强送是否成功		
500kV	P 线	某年 1 月 3 日 7 时 38 分	A 相	重合成功	—	—		故障杆塔为 134 号

(2) 故障巡视及处理。1 月 3 日 17 时 18 分，运维人员排查到 P 线路 134 号杆塔附近时，经询问周边村民群众得知，当日早晨发现附近铁塔上发生巨大声响，同时有放电火花。运维人员立即对 P 线路 134 号杆塔登塔检查，经检查发现 P 线 134 号杆塔右相（A 相）绝缘子上有鸟粪（见图 4-46），均压环上有明显放电痕迹（见图 4-47）。

P 线 133~135 号区段为浅丘地区，134 号杆塔位于浅丘山顶，线路通道内无 8m 以内通道树竹。据当地群众反映，该区段在近 1 年多时间内才出现有鸟类活动，登塔检查中发现 133~136 号区段内有鸟粪痕迹，其余附近塔上暂未发现有鸟粪痕迹。

(3) 故障原因分析。故障发生时当地天气为阴天，根据周边群众反映，134 号杆塔发生巨大响声及火花。查询雷电定位系统内该区段无雷电记录，排除雷击可能。经过分部故障巡视人员多次排查，P 线 133～135 号通道内无 8m 以内通道树竹，排除线树放电可能。P 线 133～135 号通道内无施工点位，排除发生外力破坏可能。P 线 134 号杆塔距离 Z 变电站 19.073km，位于测距范围内，134 号杆塔 A 相绝缘子上有新鲜鸟粪及均压环放电点，所以判断本次故障跳闸事件为由鸟粪闪络引起故障跳闸，造成本次故障。

图 4-46　P 线路 134 号杆塔
绝缘子上有新鲜鸟粪

图 4-47　P 线路 134 号杆塔 A 相均压环上
有明显放电痕迹

2. 220kV 某线路复合绝缘子鸟粪闪络故障

（1）故障概述。某年 3 月 31 日某 220kV 线路出现跳闸故障，重合成功，该线路绝缘配置：耐张为 FXBW4-220/160，直线 FXBW4-220/120。该线段为平地，线路下方和附近均为农田（小麦）。故障点海拔高度为 48.2m。

（2）故障巡视及处理。11 点左右，通过登塔检查发现 11 号杆 B 相复合绝缘子沿面有闪络痕迹，上下均压环和有关金具都有放电痕迹，同时观察到上下均压环、绝缘子面、导线及地上麦苗均有不同程度散落的鸟粪痕迹（见图 4-48）。附近村民说早上听见有响声，同时附件喜鹊较多，时常在杆塔、地线上栖息、飞翔。其他线段通过巡视反馈，均未发现疑似故障点。

图 4-48　鸟粪痕迹（一）

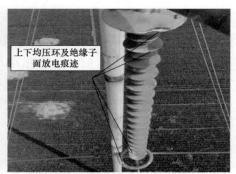

图 4-48 鸟粪痕迹（二）

（3）故障原因分析。线为东西走向，故障线段经过区域为小麦农田，沿线保护区外多种植杨树，故障点周围 5km 内未见有河流、坑池和湿地分布。鸟类以喜鹊居多。

综合考虑故障区段的地理特征、气候特征、故障期间的现场微气象情况等，结合故障录波信息和现场绝缘子、横担、上下均压环和作物上等散落的鸟粪及放电闪络痕迹等，排除线路发生雷击、风偏、污闪、外破、树线放电等其他故障的可能性，初步确定 11 号杆 B 相为故障点，是由于鸟类排粪引起的闪络跳闸。近年来由于自然环境逐步改善，鸟类数量急剧上升，活动频繁，此次鸟害跳闸，说明杆塔上仅安装驱鸟器保护范围较小，空间及效果都有限，存在缺陷不足，亟待改进防范措施和方法。

综上所述，本次故障由鸟害造成。故障类别为鸟粪短接空气间隙。

结合以上案例与目前线路运行数据统计，目前，鸟粪闪络故障多发于 220kV 线路，500kV 及以上线路较为少见，且复合绝缘子发生鸟粪闪络后线路重合闸率一般可达到 90％以上。

六、风偏案例分析

1. 1000kV 某线路风偏跳闸分析

（1）故障背景。某年 3 月 4 日 18 时 33 分特高压 L 电站 1000kV D 线 B 相开关跳闸，重合成功（见表 4-14），L 站故障测距显示，故障点距离 LD 变电站 47.9km，故障点处于 L 市运维区段。故障时段，L 市境内出现短时强对流天气，局部地区有强风并有雷雨。

表 4-14　　　　　　　　　　故 障 基 本 情 况

电压等级(kV)	线路名称	跳闸发生时间(年/月/日/时/分/秒)	故障相别(或极性)	重合闸/再启动保护装置情况	强送电情况		故障时负荷(MW)	备注
					强送时间	强送是否成功		
1000	D线	某年3月4日18时33分	B	重合成功	—	—	—	
					—	—	—	

（2）巡视及处理。线路跳闸后，线路运维单位（L 市供电公司）高度重视，第一时间组

织人员开展线路特巡。巡视查明，该线路 111 号杆塔 B 相绝缘子挂点外 4m 处导线发现白斑等放电痕迹，杆塔对应 B 相导线的杆塔尖端处发现明显电弧灼烧痕迹，不影响线路运行。现场放电及对应示意图如图 4-49～图 4-51 所示。

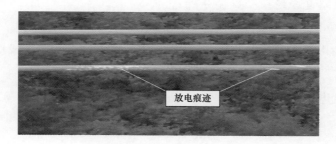

图 4-49　B 相导线放电痕迹照片

图 4-50　铁塔放电痕迹照片

图 4-51　放电点位置示意图

　（3）故障原因分析。通过雷电定位系统、分布式精确定位及变电站等信息判断，本次故障线路发生雷击跳闸概率较低，考虑到当时故障区段出现短时强对流天气，按照线路巡视现场情况，初步判断故障原因为风偏故障。为进一步确认故障原因，省公司运检部组织有关单位召开专题故障原因分析会议，从多个方面分析跳闸原因，综合故障巡视及线路监测情况，判断本次 1000kV D 线跳闸原因为线路遭遇超记录强风，超过线路设计标准，导致 B 相导线在强风作用下移向杆塔，导致导线、杆塔间隙不足放电跳闸。

2. 500kV 某线路复合绝缘子风偏分析

（1）故障基本情况。

1）某年 7 月 12 日 11 时 09 分，500kV Z 线 B 相故障跳闸，重合不成功跳三相。11 时 23 分，线路强送成功（见表 4-15）。

2）500kV Q 变电站故障录波测距 10.56km，站内设备情况正常。500kV Z 变电站故障录波测距 98.78km，站内设备情况正常。线路全长 107.643km。

表 4-15　　　　　　　　　　　　　　　故 障 基 本 情 况

电压等级（kV）	线路名称	跳闸发生时间（年/月/日/时/分/秒）	故障相别	重合闸/再启动保护装置情况	强送电情况		故障时负荷（MW）	备注
					强送时间	强送是否成功		
500	Z 线	某年 7 月 12 日 11 时 09 分	左边相（B 相）	重合不成功	11 时 23 分	是	396	500kV

注　1. 跳闸发生时间：为变电站内故障录波装置显示的跳闸时间。
　　2. 故障相别（或极性）：从小号侧往大号侧方向看，参考如下例子填写，如交流单回线路：左边相（A 相）、中相（B 相）、右边相（C 相）等；交流双回线路：左上相（A 相）、左中相（B 相）、左下相（C 相）、右上相（A 相）、右中相（B 相）、右下相（C 相）等；直流线路：极Ⅰ（左）、极Ⅱ（右）。若为交跨的两回线路间故障，应在上表中分别填写。下同。
　　3. 重合闸/再启动保护装置情况填写：重合闸成功、重合闸不成功、重合闸未动作、重合闸退出、无重合闸（全压再启动成功、降压再启动成功、再启动不成功）；多次重合，则分次填写。
　　4. 强送电情况：线路故障跳闸后，若重合不成功，则在此栏填写"强送时间"和"强送是否成功"，若成功填"是"，反之填"否"。若多次强送，则分次填写。
　　5. 备注中注明故障时刻的运行电压（kV），其他需要补充说明的信息也在此栏填写。

（2）故障巡视及处理。7 月 12 日 11 时 19 分，国网 S 省检修公司接到调度命令后，随即组织巡视、技术、管理人员紧急赶赴现场进行故障点查找及巡视。13 时 37 分，检修公司巡视人员到达 Z 线 239 号工作现场，现场风力已减弱。由于大风影响，地面上散落有大量吹断的树枝、树叶及被风吹倒的树木。

7 月 12 日 13 时 40 分，巡视人员在与属地护线员及当地村民了解情况后，确定故障范围为 230～250 号。立即安排人员开展故障巡视工作，对 230～250 号开展登塔检查，安排 3 个工作小组，进行逐基登塔检查。巡视工作开展至下午 19 时左右，故障点始终未发现，现场已无法进行登塔巡视工作，遂停止故障巡视，安排次日继续进行巡视。

7 月 13 日 8 时 12 分，230～250 号区段内所有铁塔登塔检查完成，发现 Z 线 237 号左相（B 相）3 号子导线有明显放电痕迹（见图 4-52 和图 4-53），铁塔曲臂 K 点处有明显放电痕迹（见图 4-54）。故障铁塔 237 号线路基本走向是东西走向，该段地处平原地区，海拔在 94m 左右。

从当地村民了解到，当时线路附近大杨树被连根拔起，降雨时有落雷但强度不大。从现场情况看，故障区域被强风连根拔起、折断的树木比比皆是，庄稼大多被刮倒。折断的树木、刮倒的秋季庄稼倒向由北向南，呈一致性，与放电情况基本一致，推测经过强烈的局部狂风，致使线路风偏跳闸。

图 4-52 枣蒙Ⅰ线 237 号故障杆塔及 B 相放电通道

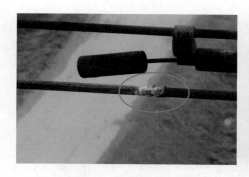 

图 4-53 237 号塔导线及防振锤放电痕迹　　图 4-54 237 号塔 B 相导线对应塔身放电痕迹

（3）故障原因分析。故障发生后，班组人员与沿线群众及当地气象部门联系，了解到，当日中午 10～12 时，L 市 S 镇及发生短时强对流天气，极大风达 31m/s，大量树木被连根拔起。据此分析，线路故障时，故障杆塔周边遭遇强风，短时风速超过原设计抗风偏能力，B 相导线在风作用下与塔身距离急剧减小，并击穿空气间隙短路，引起线路跳闸。开关重合时风速未减小，重合不成功，三相跳闸。短时阵风过后，线路恢复原状态，空气绝缘随之恢复，线路试送电成功。

七、紧凑型线路污闪案例分析

500kV 紧凑型线路复合相间间隔棒污闪分析如下：

（1）故障背景。某年 5 月，某 500kV 紧凑型线路 BC 相故障跳闸，相间故障不重合。经排查，判定 BC 相间复合相间间隔棒（见图 4-55）为闪络故障点。故障时刻现场天气为中雨，故障点处于 e 级污区。

图 4-55　故障相间间隔棒上、中、下部及子导线间隔棒

　　为尽快确认故障原因并排除隐患，恢复送电，运行单位申请临时停电对闪络相间间隔棒及配套子导线间隔棒进行更换，并更换同批次的 2 支正常相间间隔棒进行对比。

　　（2）故障原因分析。对故障样品和邻近同型号样品进行检测分析如下：

　　1）外观检测：故障样品两端均压环都有烧蚀的孔洞，伞裙有放电痕迹（见图 4-56），从上到下第 2 组伞裙裂开，第 3 组伞裙有孔洞，其他未见损坏。这对相间间隔棒的外绝缘性有一定影响。

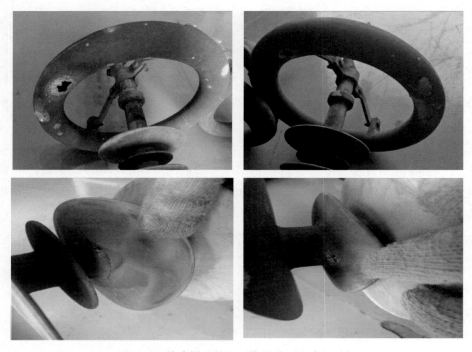

图 4-56　故障样品均压环烧蚀孔洞和伞裙破损

　　2）伞裙盐密测试。每支样品从上、中、下三个部位选择上、下表面，测量其上、下表面的等值盐密，测量结果如表 4-16 所示。

表 4-16 等值盐密测量结果

编号	测量位置	等值盐密（mg/cm²）
故障样品	上表面	0.493
	下表面	0.041
邻近样品 1	上表面	0.222
	下表面	0.029
邻近样品 2	上表面	0.056
	下表面	0.052

分析：故障样品伞裙表面盐密明显偏高，结合现场天气为中雨，存在外绝缘闪络可能性。

3）尺寸测量。故障样品和邻近样品 1 结构相同，邻近样品 2 多了三组伞裙。样品结构高度等信息见表 4-17。

表 4-17 样品结构高度等信息

编号	结构高度（mm）	爬电距离（mm）	样品统一爬电比距（mm/kV）	标准要求值（mm/kV）
故障样品	4920	16400	29.8	d 级 43.3 e 级 53.7
邻近样品 1	4920	16400	29.8	
邻近样品 2	5220	17500	31.8	

分析：受紧凑型线路本体结构限制，线路相间距离较小，导致当前配置的相间间隔棒结构高度较小，从而爬电距离较小，在绝缘配置方面不能满足 e 级污区相关标准要求。

4）故障情况模拟试验。

a. 故障发生时为中雨，为模拟现场情况，用喷壶在样品表面均匀喷洒水雾，所喷水量使样品表面充分湿润，又不使污秽流失。3 支相间间隔棒升至 200kV 后电晕逐渐明显，330kV 时故障相间间隔棒开始出现爬电现象，550kV 时发生整串击穿。其余 2 支相间间隔棒没有电弧和闪络趋势。

b. 去除盐密后，重复以上试验。将故障相间间隔棒除大伞裙上表面之外，全部进行擦洗，尽量去除盐密，然后喷自来水（模拟雨水）至湿润，进行耐压试验。升压至 600kV 没有闪络。随后将故障相间间隔棒所有伞裙全部进行擦洗，尽量去除盐密，然后喷自来水（模拟雨水）至湿润，进行耐压试验。升压至 600kV 没有闪络。

c. 现象对比：之前未去除盐密时，试验电压在 350kV 和 400kV 之间时，爬电现象已非常明显。去除盐密试验电压在 450kV 和 500kV 之间时，出现爬电现象，但仍然较弱，没有闪络趋势。湿润情况有所降低后，爬电更加不明显。

分析：其他试验条件不变，降低盐密后，故障相间间隔棒的起弧电压、闪络电压均相应提高，试验中的电弧爬电现象也对应减弱。说明盐密对闪络电压影响明显。

5）解剖检查。对故障相间间隔棒进行解剖，护套及芯棒内部没有发现异常。

6）总结。结合憎水性和盐密测试结果、去除盐密后耐压及闪络情况分析认为，该故障相间间隔棒的污秽较高、爬电比距较小，使得其沿绝缘子串的电场分布发生变化，导致在雨天发生外绝缘闪络。

八、老化案例分析

H省某线路复合绝缘子老化介绍如下：

（1）缺陷情况。某年 11 月 1～6 日，H省某 500kV 线路停电检修，发现 A 厂复合绝缘子伞套老化明显，伞裙变硬、变脆、粉化、对折开裂，全线排查后发现，同厂家同批次复合绝缘子均不同程度出现了劣化情况，如图 4-57 和图 4-58 所示。

图 4-57　绝缘子高压端

图 4-58　绝缘子低压端

经统计，该批绝缘子为 A 厂生产的复合绝缘子，于 2007 年 11 月挂网运行，至今已经运行 11 年，且在 2014 年的抽检中并未发现问题。抽检的绝缘子硅橡胶伞裙均存在硬化、变形的现象，部分伞裙开裂如图 4-59 所示。伞裙抗撕裂能力差，能够轻易用手撕下。同时，绝缘子伞裙表面均有明显的粉化，粉化层呈白色，如图 4-60 所示。

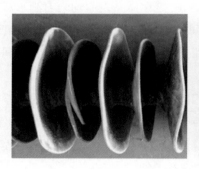

图 4-59　绝缘子伞裙硬化开裂

图 4-60　绝缘子伞裙形成白色粉化层

（2）复合绝缘子试验分析。

1）微观结构分析。为了探究伞裙粉化的微观结构，显微观察放大后的粉化区域如图 4-61 所示。

图 4-61　绝缘子伞裙粉化层微观结构

由图 4-61 可发现，伞裙表面粉化层和污秽层共存，白色的粉化层出现在黑色的污秽层下方，在外力作用下，污秽脱落后使粉化层裸露，粉化层上还存在大量的微裂纹。去除表面污秽后，可发现粉化层已覆盖整个绝缘子表面。

2）憎水性试验。对本批次送检复合绝缘子进行憎水性测试发现，伞面粉化明显部位憎水性良好，憎水性分级落于 HC1～HC3，粉化不明显部位憎水性分级落于 HC3～HC5。憎水性结果如图 4-62 所示。下表面的憎水性要优于上表面，测试过程中并未发现绝缘子整体憎水性因粉化层的出现而产生明显下降的现象。

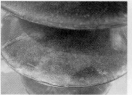

图 4-62　憎水性结果

3）硬度测试。随机选取 4 支绝缘子（编号 Z1、Z2、Z3、Z4），裁取高、中、低三个部位伞裙试样，试样表面平整，厚度至少为 4mm。试样的尺寸应足够大，能够在离任意一边缘至少 9mm 处进行测量，利用邵氏硬度计，每片试样测量三个不同位置的硬度，取平均值作为最终硬度，检测结果如图 4-63 所示。

由图 4-63 可见，绝缘子伞裙各部位硬度均在 65HA 以上（DL/T 376—2010《电力复合绝缘子用硅橡胶绝缘材料通用技术条件》规定高温硅橡胶的邵氏硬度不小于 50HA），同一支产品的不同位置，伞裙硬度略有差异。但 Z2～Z4 样品的硬度显著高于 Z1 样品，虽然无法追溯本批次产品出厂时的硅橡胶硬度值，但同批次产品的硬度变化相对值可以推断，Z2～Z4 三支样品已出现了较明显的硬化现象。

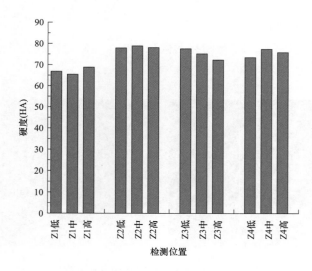

图 4-63　伞裙硬度检测结果

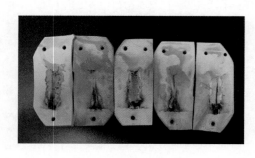

图 4-64　漏电起痕结果

4) 耐漏电起痕及电蚀性能试验。按标准 GB/T 6553—2014《严酷环境条件下使用的电气绝缘材料　评定耐电痕化和蚀损的试验方法》中描述的试验方法，使用高压耐漏电起痕仪对伞裙试片表面的电蚀损性能进行了测试，经过 6h 试验后，5mm 厚左右的试片达到了耐漏电起痕及电蚀损 TMA4.5 级，满足标准 DL/T 376—2010 的要求。试验结果如图 4-64 所示。

5) 傅里叶红外光谱检测。有机物质经红外线照射后，选择性地吸收其中某些频段，经红外光谱仪记录下的吸收谱带即红外光谱图。傅里叶变换红外光谱仪（Fourier transform infrared spectrometer，FTIR）广泛应用于物质的化学组成分析，根据物质在红外光谱照射后吸收波段的特点来推断该物质内部所含的官能团，并依照特征吸收峰的峰值、强度、面积等来定量分析该官能团含量的相对变化，可用于复合绝缘子用硅橡胶的理化特性的研究。

参考 GB/T 6040—2002《红外光谱分析方法通则》，使用型号为赛默飞 IS50 的傅里叶红外光谱仪，测量硅橡胶表面粉化层及未老化层，将样品表面磨平，放置在 ATR 棱镜上，从样品后侧加压，使样品与棱镜均匀接触。随机对两支绝缘子的粉化层区域进行采样，进行红外光谱检测，并与伞裙内层未老化的部分进行比较，结果如图 4-65 所示。

从图 4-65 中可以看出，与伞裙内层相比，粉化层的 $Si-(CH_3)_2$、$Si-O-Si$、$Si-CH_3$ 和 $-CH_3(C-H)$ 基团含量明显减少，说明硅橡胶分子在老化过程中，$Si-O$ 主链和 $Si-C$ 侧链大量断裂。$Si-C$ 键的键能较小，容易断裂，因此对老化反应最灵敏，导致在老化过程中侧链先发生断裂。此时，其亲水性硅氧主链失去了憎水基团的屏蔽，极易与活性基团发生反应而断裂，造成聚合物大分子降解，导致憎水性减弱。

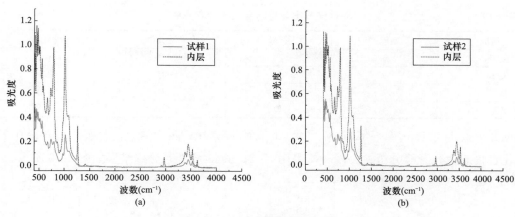

图 4-65　红外光谱检测结果

硅橡胶绝缘材料表面发生的裂解、氧化与水解反应等使 PDMS 中的甲基分裂成亚甲基 $-CH_2$ 和单个的-H，消耗了表面的甲基，减弱了表面的憎水性，生成-C＝O 等强极性基团，造成分子结构相互交联，结构柔顺性降低，使绝缘材料不再是有机械强度的弹性体，形成粉化层。

同时，粉化层中的-OH 基团含量有所减少，这是因为硅橡胶在制作中会加入羟基硅油作为结构化控制剂，防止硅橡胶因结构化而变硬变脆。运行中，羟基硅油不断渗出，随着运行时间的增加，表层硅橡胶逐渐结构化，因此丧失弹性和拉伸强度，这是造成伞裙硬化、粉化层在外部应力作用下极易产生裂纹的重要原因。

6）X 射线电子能谱试验。XPS 分析也被称为化学分析电子光谱，主要分析的是硅橡胶绝缘子表面的元素组成和含量。对于硅橡胶绝缘子，其表面的主要元素组成是 Si、O、C、Al，占表面所有元素含量的 99.6％以上。对送检样品，分别选取表面粉化严重和粉化较轻的区域进行了 XPS 分析，分析结果如表 4-18 所示。

表 4-18　　　　　　　　　试样表面主要元素组成及其相对含量

样品	Si	O	C	Al
无粉内部	20.6	29.2	49.2	1
无粉表面	21.2	30.7	46.8	1.3
粉化内部	19.9	34.8	42.7	2.6
粉化表面	18.7	52.5	23.2	5.6

从结果中可以看出，对比无粉样品，粉化绝缘子 Si、C 元素含量减少，O、Al 元素含量增加；从表面到内部，Si 元素含量变化不大，O 元素含量下降，C 元素含量上升，Al 元素含量下降。这说明内部有机基团含量高，氢氧化铝填料含量下降。

根据 M. R. Alexander 及 Annett Thøgersen 等学者的研究，Si 原子在连接不同数目的 O 原子时处于不同的化合价态，因此对应的结合能也不同，Si-O 链节类型与结合能的对应关系如表 4-19 所示。

表 4-19   Si-O 链节类型与结合能的对应关系

组成	官能度	符号	官能团类型	结合能（eV）
$R_3SiO_{1/2}$	1	M	$Si\ (-O)_1$	101.5
$R_2SiO_{2/2}$	2	D	$Si\ (-O)_2$	102.1
$RSiO_{3/2}$	3	T	$Si\ (-O)_3$	102.8
$SiO_{4/2}$	4	Q	$Si\ (-O)_4$	103.4

据此，选定 101.5eV、102.1eV、102.8eV 及 103.4eV 四个结合能位置，对样品中的 Si 元素化合价态进行分峰分析。分峰分析采用 XPSpeak41 软件，分峰结果如图 4-66 所示。

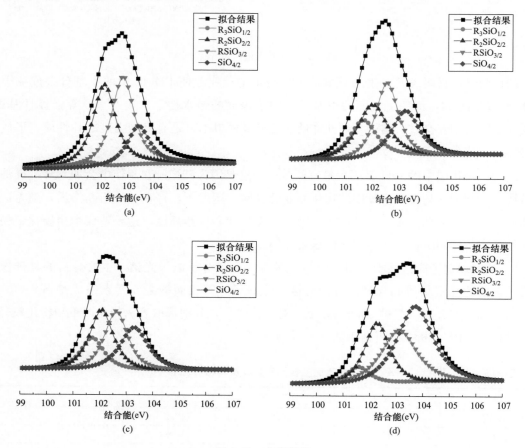

图 4-66   分峰结果

（a）无粉内部；（b）无粉表面；（c）粉化内部；（d）粉化表面

由分峰分析可知，具体峰面积的百分比如表 4-20 所示。

表 4-20   样品 Si-2p 分峰面积百分比

样品	$R_3SiO_{1/2}$	$R_2SiO_{2/2}$	$RSiO_{3/2}$	$SiO_{4/2}$
无粉内部	2.85	38.23	41.23	17.66
无粉表面	18.73	28.48	30.72	22.05
粉化内部	15.50	29.97	29.37	25.14
粉化表面	5.92	22.83	29.18	42.06

可以看到，从内部到表面，其 Si(-O)₂ 峰、Si(-O)₃ 峰含量下降，Si(-O)₄ 峰含量增大；对比无粉样品，粉化样品其 Si(-O)₂ 峰、Si(-O)₃ 峰含量较低，Si(-O)₄ 峰含量较高。这说明，随着硅橡胶老化程度的加深，其 Si(-O)₄ 链节的比例变大，样品的交联程度上升，硬度随之增加；相比内部，粉化样品表面的 Si(-O)₃、Si(-O)₄ 链节含量增大，这可能是因为一部分 Si-R₃ 结构转化成了 Si-O 结构，即 Si-C 键发生了氧化反应。这一反应的发生使得硅橡胶中的有机成分减少，无机成分增加，同时也会使硅氧烷的微观结构发生变化，从而改变硅橡胶的宏观性能。

7）热失重试验。热重分析是指将试样在程序控制温度下测量样品的质量与温度变化关系的一种热分析技术，常用来确定试样的各组分。热重分析的基本原理是当样品质量变化时，天平就会产生微小位移，把这种微小位移转化成电磁量，经放大器放大后送入记录仪，电量的变化就对应于样品的质量变化。当被测物质在加热过程中发生物理或化学反应时，被测物质的质量就会变化，根据热重曲线可以确定某阶段被测物质的质量损失，再根据试样已知的成分及可能发生的反应，就可以确定被测试样中某种成分的含量，从而确定组分。

根据 GB/T 27761—2011《热重分析仪失重和剩余量的试验方法》，使用型号为耐驰 TGA209-F3 的热重分析仪，刮去送检样品的护套粉化表面与内部橡胶，分别放入坩埚中，升温速率设定为 20℃，吹扫气设定为氮气，测量硅橡胶在此环境下的降解，确定各试片中胶、氢氧化铝及其他填料的组分含量，获得失重曲线如图 4-67 和图 4-68 所示。

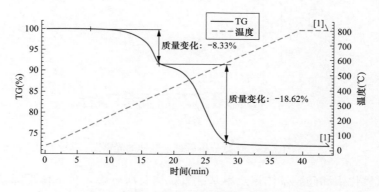

图 4-67　硅橡胶内部热重分析曲线

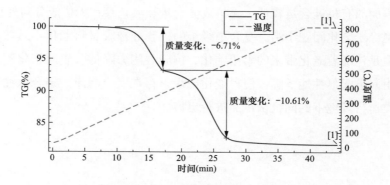

图 4-68　硅橡胶粉化表面热重分析曲线

硅橡胶复合绝缘材料的热失重曲线通常分为两个阶段，如图 4-67 所示。在第一阶段中，由于氢氧化铝（ATH）的降解温度最低而首先在高温下分解，该阶段因分解而导致质量减少的主要分解产物是水，满足

$$2Al(OH)_3 \longrightarrow Al_2O_3 + 3H_2O$$

在第二阶段中，硅橡胶基体的主要原料聚二甲基硅氧烷发生降解；而硅橡胶中的无机填料由于降解温度高，与其他的降解产物一起留下成为残余质量的部分。

经对比发现氢氧化铝和硅胶基体聚二甲基硅氧烷均有所下降，且基体下降量远大于氢氧化铝下降量，可以推断粉化过程是以硅橡胶基体聚二甲基硅氧烷为主、氢氧化铝分解为辅的分解过程。

对做完热重后的粉末进行傅里叶红外光谱分析，结果如图 4-69 所示。可以发现橡胶主链 Si-O-Si 链已完全断裂，没有 Si-O 键特征峰，硅油小分子的特征峰-OH 也全部消失，只剩下 Si-C 和 Si-CH$_3$，说明剩余粉末中除了有无法降解的二氧化硅及氧化铝之外，还有部分残留的小分子硅烷。

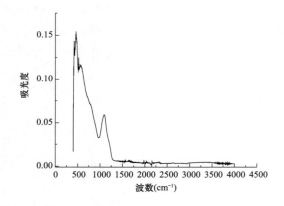

图 4-69　热重分析后剩余试样的光谱图

粉化层的氢氧化铝和硅胶基体聚二甲基硅氧烷均有所下降，且基体下降量远大于氢氧化铝下降量，推断粉化过程是以硅橡胶基体聚二甲基硅氧烷为主、氢氧化铝分解为辅的分解过程。粉化样品表面的有机硅含量较低，无机成分含量较大，存在无机成分向外析出的过程。

（3）复合绝缘子老化问题小结。复合绝缘子的护套硅橡胶材料老化，虽然不会直接导致绝缘子故障，但是伴随着老化带来的伞裙硬化、抗撕裂能力降低、表面粉化等会导致绝缘子憎水性降低，耐漏电起痕性能下降，使得老化绝缘子存在安全隐患。结合以往运行经验，建议对该线路同类运行环境下的同批次产品进行更换。

第五章　RTV防污闪涂料技术及故障案例

第一节　RTV 防污闪涂料的机理

一、RTV 涂层微观结构

RTV 涂料以具有羟基封端的聚二甲基硅氧烷（Polydimethylsiloxane，PDMS）为基料，与交联剂、催化剂配用，可以在常温下交联而形成三维网状结构，如图 5-1 所示。

$$\left[-O-\underset{\underset{CH_3}{|}}{\overset{\overset{CH_3}{|}}{Si}} - \right]_n$$

图 5-1　聚二甲基硅氧烷结构式

除非特别处理，硅橡胶中一般不同程度地含有未交联的低分子硅氧烷链段。低分子链段为-CH^3 结构，-CH^3 结构对硅橡胶憎水迁移性与复原有着重要影响。聚硅氧烷分子中的甲基（有机基）与主链相连，在 Si 原子外形成一个倒立正四面体的伞状空间构形，由于 H 原子是范德华原子半径最小的原子，它们所形成的伞状甲基结构，紧密地排列在一起，形成一道封闭屏障，把水分子拒之"帐"外，当雨水或露珠接触到涂层表面时，就会变成水珠自动滚落，或一颗颗散落在涂层表面上，不会形成连续的水链或铺展成水膜，表现出优良的憎水性能。因此，RTV 涂料防污闪机理可以从憎水性能、电压分布、憎水迁移性能等几个方面来分析。

（1）憎水性能好。在绝缘子表面施涂 RTV 防污闪涂料后，所形成的涂层包覆了整个绝缘子表面，隔绝了绝缘产品和污秽物质的接触。当污秽物质降落到绝缘子表面时，接触到的是 RTV 防污闪涂料的涂层，涂层的性能就变成了绝缘子的表面性能。

（2）电压分布均匀。由于 RTV 涂料具有很强的憎水性，污物表面难以形成连续的导电层，所以不会出现电压分布不均的现象。

（3）憎水迁移性优良。仅有憎水性的物质还不能作为绝缘子防污闪涂料，还须有优良的憎水迁移性。当 RTV 表面积累污秽后，RTV 内游离态憎水物质逐渐向污秽表面扩展，从而使污秽层也具有憎水性，不被雨水或潮雾中的水分所润湿，不被离子化，因而能有效抑制泄漏电流，极大地提高了绝缘子的防污闪能力。因此，憎水迁移性是RTV涂料防污闪性能的关键指标之一。

二、RTV涂层对绝缘子串污闪过程的影响

从绝缘子表面积污到闪络，RTV涂料绝缘子都可以划分为四个阶段，分别是积污、污秽表面受潮、绝缘子表面生产干区并出现局部电弧、发生闪络。在污秽积累到闪络过程的不同阶段，RTV涂料绝缘子和亲水性绝缘子都表现出了一定的差异。首先在积污过程中，RTV绝缘子表面电阻率较高，空气中的污秽颗粒会与绝缘子表面摩擦带电，把污秽颗粒吸引到绝缘子表面，使得积污增加。

对于污秽受潮阶段，RTV绝缘子因为表面存在了较大的憎水性，污层受到影响不容易受潮，另外绝缘子表面的水滴也无法形成水膜，使得绝缘子表面的泄漏电流大幅度降低，因此绝缘子的污闪电压也产生了很大程度的降低。在干燥的情况下，绝缘子表面的污秽不会导电，绝缘子表面污秽量的多少也不会对绝缘子耐污性能产生影响。但是在潮湿的环境下，绝缘子表面的污秽会逐步的吸潮，污秽中的电解质也会不断溶解，另外在降雨量较大的情况下还会出现污秽流失。在绝缘子表面污秽不断受潮的过程中，真正参与导电的只是已经溶解但是还没有流失部分的电解质，一般也将其称为"有效污秽"。有效污秽在污秽溶解过程中不断变化，总体呈现了先增大后减小的趋势，在整个过程中存在的最大值也就称为"最大有效污秽"，通常也称为"有效污秽度"。

在分析RTV涂料绝缘子和亲水性瓷绝缘子、玻璃绝缘子的防污特性的过程中利用有效污秽度的概念，能够得到因为憎水性迁移作用，相比于亲水性绝缘子表面的污秽溶解速度，RTV涂料绝缘子的污秽溶解速度要低很多。另外，当雨滴降落在RTV涂料绝缘子表面时更不容易停留在绝缘子表面，这也使得RTV憎水性绝缘子表面污秽更容易流失。即使在雨量不是很大的情况下憎水性绝缘子表面的污秽也能够得到有效清洗，但是亲水性绝缘子表面污秽却不会有较多的流失。

通过以上分析可以看出，RTV涂料绝缘子有较好的污秽性能主要是因为以下两个方面的原因：①憎水性绝缘子表面水滴之间呈现相互分离的状态，这使得绝缘子沿面电阻得到很大的提升，从而导致绝缘子表面的沿面电流降低；②在等值盐密相同的情况下，憎水性绝缘子表面的有效污秽度要小得多，这也使得污闪过程中的RTV涂料绝缘子参与导电的电解质少很多。

第二节　RTV防污闪涂料的技术标准与运行评价

一、RTV防污闪涂料的技术标准

（1）国家电网建运〔2006〕1022《国家电网公司跨区电网输变电设备外绝缘用防污闪涂

料使用指导原则（试行）》。

（2）华北电力集团公司《电力设备外绝缘用持久性就地成型防污闪复合涂料使用导则》。

（3）Q/HBW 14204《电力设备外绝缘用持久性就地成型防污闪复合涂料（PRTV）技术条件及使用导则》。

（4）DL/T 627—2018《绝缘子用常温固化硅橡胶防污闪涂料》。

（5）DL/T 5727—2016《绝缘子用常温固化硅橡胶防污闪涂料现场施工技术规范》。

二、RTV 防污闪涂料运行评价

RTV 涂料因其具有优异的憎水性和憎水迁移特性，以及良好的介电特性、物理特性和化学稳定性，广泛应用于电力系统外绝缘。RTV 涂料绝缘子运行多年后表面积污状况严重，一方面，表面严重积污将影响 RTV 涂料的憎水性和憎水性迁移特性；另一方面影响绝缘子的污闪特性。在这种状态下对其表面进行等值盐密和灰密的测量、憎水性分析及污闪试验，分析运行 RTV 涂料的防污闪特性和附着特性，对 RTV 涂料今后在电力系统中的使用有着重要指导意义，且设备表面 RTV 涂料的憎水性关系到耐污闪水平。本节以 A、B、C、D 四个省份作为抽样单位，选取特高压交直流线路 RTV 绝缘子和超高压线路 RTV 绝缘子为研究对象，开展 RTV 涂层性能试验，试验主要包括外观检查、憎水性、绝缘电阻、黏附力等，以及涂料的红外光谱、热失重等材料特性分析试验。

试验所用试品取自于现场运行的交流 1000kV 输电线路 RTV 绝缘子和直流 ±800kV、±500kV 输电线路 RTV 绝缘子。试验 RTV 绝缘子参数如表 5-1 所示。

表 5-1 试验 RTV 绝缘子参数

编号	类型	数量	运行年限（a）	电压等级（kV）	地区	悬挂方式
1	U420BP/205H	12	2	±800	A	耐张
2	U550BP/240H	12	2	±800	A	耐张
3	U550BP/240H	6	2.5	±800	B	耐张
4	U550BP/240H	12	2	±800	C	耐张
5	CA-597EX	6	3	1000	A	耐张
6	U420BP/205D	6	3	1000	A	悬垂
7	U420BP/205D	6	3	1000	A	悬垂
8	U550BP/240T	12	3	±800	D	耐张

（一）RTV 涂层外观检查

线路上使用的硅橡胶复合绝缘子，由于内外因素的相互作用，随着使用时间的推移，硅橡胶伞裙和护套的机电性能逐渐变差，该过程称为老化（或劣化）。因此，RTV 绝缘子在使用过程中其硅橡胶伞裙和护套逐渐发生表面硬化、粉化、脆化及憎水性退化，乃至烧蚀、开裂，都是老化的结果。

根据 RTV 绝缘子表面涂层颜色、涂层脱落面积和伞裙破坏程度将试品绝缘子分为三个等级，分级标准及对应结果分别如表 5-2、表 5-3 和图 5-2 所示。

表 5-2   RTV 绝缘子表面状况分级标准

分级	Ⅰ级	Ⅱ级	Ⅲ级
表面状况	涂层颜色鲜艳；涂层保持完好；伞裙边缘极少磨损脱落；伞裙完整	涂层轻微褪色；涂层出现起皮，脱落面积小于 5%；伞裙边缘部分磨损脱落；伞裙完整	涂层明显褪色、粉化；涂层出现起皮，脱落面积小于 15%；伞裙边缘大部分磨损脱落；伞裙出现破损情况

表 5-3   RTV 绝缘子表面状况分级示例

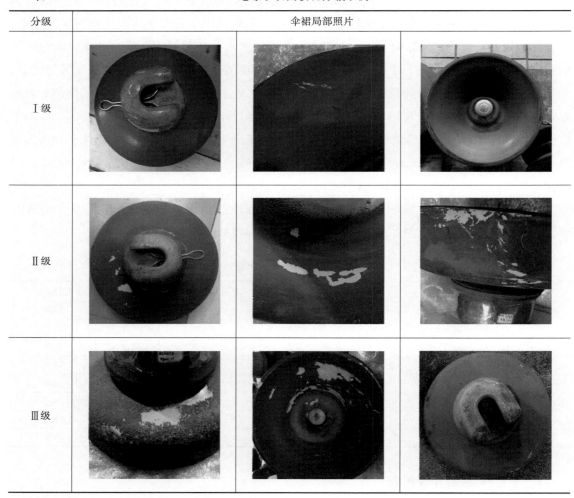

分级	伞裙局部照片		
Ⅰ级			
Ⅱ级			
Ⅲ级			

由图 5-2 可以看出：

（1）抽样的 RTV 绝缘子表面涂层出现了不同程度的损伤。运行 2 年的 RTV 绝缘子大多保持表面涂层颜色鲜艳，表面涂层完整，伞裙边缘极少出现磨损的状态；运行 5 年的 RTV 绝缘子Ⅰ级、Ⅱ级和Ⅲ级数量大致相当，在抽样绝缘子中约有 33% 的 RTV 绝缘子出现了明显的涂层褪色发白和涂层起皮、脱落现象；运行 8 年的 RTV 绝缘子大部分处于 II 级和 III 级，较多 RTV 绝缘子涂层出现了明显的起皮脱落等老化现象，部分绝缘子伞裙出现了破碎损坏的情况。

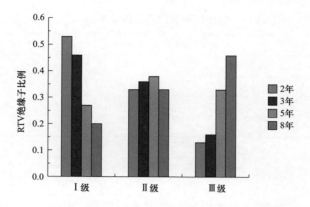

图 5-2　RTV 绝缘子表面状况分级结果

（2）随着 RTV 绝缘子运行年限的增加，RTV 绝缘子表面涂层的损伤、褪色情况逐渐加重。运行 2～3 年的 RTV 绝缘子大部分处于 I 级和 II 级，RTV 绝缘子保持完好状态；运行 5 年的 RTV 绝缘子涂层出现了明显的涂层损坏，大多出现 50mm×10mm 的涂层破坏区域，伞裙边缘均出现了不同程度的磨损脱落，绝缘子表面涂层磨损面积低于 5%；运行 8 年的 RTV 绝缘子表面涂层出现明显的粉化褪色情况，部分绝缘子出现 100mm×30mm 的损坏区域，伞裙边缘涂层大部分磨损脱落，损伤面积远大于运行 5 年的 RTV 绝缘子涂层。

绝缘子串在实际运行过程中，不仅需要面对各种复杂多变的气候条件，也需要应对飞沙、鸟啄等情况，在持续的运行中，绝缘子表面涂覆的 RTV 涂层不断老化，因此容易出现外观检查中伞裙表面漆膜脱落和存在刮痕的现象。同时，在绝缘子的底面，由于长时间的运行，污秽容易积聚。特别是金具连接处，当污秽积聚时，外界的风很难到达该处带走沉积的污秽，从而造成污秽的累积，涂层大面积脱落。

电力行业标准 DL/T 627—2018《绝缘子用常温固化硅橡胶防污闪涂料》中规定，运行良好的 RTV 绝缘子表面涂层应外观平整、光滑无气泡，试验中运行 3 年和运行 8 年的 RTV 绝缘子出现表面涂层脱落、褪色的情况，表明涂层已出现轻度老化状态，在轻度老化状态下，RTV 绝缘子仍能保持长期可靠的工作状态。当涂层在运行条件下出现大面积龟裂、起皮和脱落情况时，则需要考虑更换 RTV 绝缘子或采用 RTV 涂料复涂实现 RTV 绝缘子的可靠运行。

（二）RTV 涂层憎水性试验

对涂覆 RTV 材料的大吨位绝缘子的憎水性测试，通常有两种方式：静态接触角法（CA）和喷水分级法（HC），试验采用喷水分级法进行测量。喷水分级法是用憎水性分级来表示固体材料表面憎水性状态的方法。该方法将材料表面的憎水性状态分为 7 级，分别表示为 HC1～HC7，HC1 对应憎水性很强的表面，HC7 对应完全亲水的表面。由电力行业标准

DL/T 627—2018（表 5-4）可知，当 RTV 涂层憎水性等级为 HC5 时，须跟踪检测绝缘子表面涂层的运行情况；当涂层憎水性为 HC6 时，需要将 RTV 绝缘子退出运行。

表 5-4 　　　　　　　　　　　　憎水性检验周期及判定准则

憎水性等级（HC）	检测周期（a）	判定准则
HC1～HC2	6	继续运行
HC3～HC4	3	继续运行
HC5	1	继续运行，须跟踪检测
HC6	—	退出运行

（三）RTV 涂层微观形貌

涂层表面微观形貌是影响其憎水性的重要因素，RTV 绝缘子在运行过程中受到紫外线、表面放电等因素的影响，微观形貌中会出现填料颗粒析出、孔洞、裂纹等现象，从而影响涂层的憎水性。为了获得运行 RTV 绝缘子表面涂层的微观形貌，试验采用 CARL ZEISS EVO 型扫描电子显微镜对抽样 RTV 绝缘子表面涂层进行测试，放大倍数为 1000 倍。试验前为增加硅橡胶涂层的导电性，需对其进行喷金操作，图 5-3 所示为不同运行年限 RTV 绝缘子表面涂层的微观形貌。

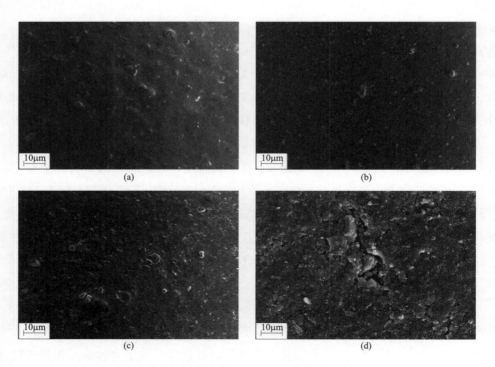

图 5-3　不同运行年限 RTV 绝缘子微观形貌（一）

（a）新制 RTV；（b）U420BP/205H（2 年）；（c）CA-597EX（3 年）；（d）U210BP/170H（玻璃）（5 年）

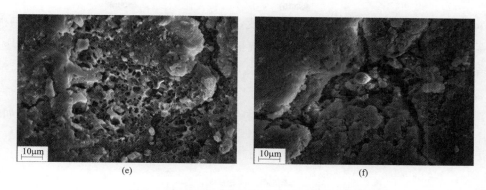

图 5-3　不同运行年限 RTV 绝缘子微观形貌（二）

(e) U210BP/210H（8 年）；(f) U300BP/210H（8 年）

由图 5-3 可以看出：

（1）RTV 绝缘子表面涂层的粗糙度随运行年限增加而逐渐增大。新制 RTV 涂层表面光滑平整，未出现明显的颗粒状物质；运行 2 年的 U420BP/205H 绝缘子表面涂层出现了少许颗粒状物质，其尺寸为 $1\sim4\mu m$；运行 3 年的 CA-597EX 绝缘子表面涂层颗粒直径和数量出现增加的趋势，涂层整体保持平整的状态；运行 5 年的 U210BP/170H（玻璃）绝缘子表面涂层变得粗糙，颗粒状物质明显变多，涂层出现轻微粉化的现象；运行 8 年的 U210BP/210H 和 U300BP/210H 绝缘子表面涂层出现裂纹、孔洞及明显的粉化痕迹，涂层的老化由表面向内部发展。

（2）微观形貌中表面涂层的粗糙度越高，其憎水性越差。随着涂层微观形貌中颗粒、裂纹和孔洞数量的增多，涂层的憎水性呈现逐渐下降的变化情况。当绝缘子表面仅出现细小颗粒时，涂层的憎水性保持 HC1～HC2 级，随着涂层颗粒数量和尺寸的增大，涂层的粗糙度略微增大，其憎水性变化为 HC2～HC3。当涂层表面出现裂纹和孔洞时，表面开始出现粉化现象，涂层的憎水性降低到 HC3～HC4，当涂层表面粉化面积进一步增大，表面遍布裂纹，并在裂纹交汇处出现较大尺寸的孔洞沟壑时，涂层的憎水性大部分处于 HC4 级。

RTV 绝缘子在运行过程中，在紫外线、温湿度、表面放电的作用下，RTV 涂层中硅橡胶分子遭到破坏，形成小分子链段，LMW、ATH 和白炭黑等逐渐析出迁移到涂层表面形成颗粒状物质。随着运行年限的增加，涂层老化程度加重，迁移到涂层表面的颗粒状物质数量逐渐增多，颗粒物呈现出团簇形式增长，不断汇聚融合使其尺寸逐渐增大，涂层表面变得粗糙，出现明显孔洞和沟壑，进一步加快涂层的老化速度。

（四）RTV 涂层绝缘电阻

对涂覆 RTV 材料的大吨位绝缘子的绝缘电阻的测量，采用绝缘电阻表。连接导线选用绝缘良好的单支多股铜芯绝缘线，将绝缘电阻表的 L 和 E 两个接线柱分别接在绝缘子的金属和瓷质部分。手摇发电机要保持匀速，不可过快或过慢，使指针不停地摆动，适宜的转速为

120r/min。测量时，应先手摇发电机保持匀速，将电压升至额定值 120r/min 后，再将测试线与试品相连，测量完毕，应先将测试线脱离试品后，再关闭电源，以防被试品电压反击，损坏绝缘电阻表。转速稳定，指针停止摆动后，正确读取数值，根据标准正确判断，绝缘子绝缘是否合格。

涂覆 RTV 盘形绝缘子的表面电阻一般包括表面水膜电阻和涂层电阻，等效电路如图 5-4 所示。

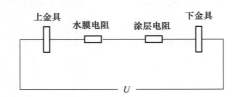

图 5-4　涂覆 RTV 盘形绝缘子表面电阻等效电路图

本次试验测量绝缘子表面电阻是在干燥的情况下进行的，故而可以忽略水膜电阻的存在，涂层电阻即为绝缘子的表面电阻，即上下金具之间的绝缘电阻值。通过对绝缘子的绝缘电阻测量，结果显示其绝缘电阻均为 1000MΩ。

由试验结果可得知，抽检的绝缘子的绝缘电阻值均约为 1000MΩ，在正常标准范围内，其合格率为 100%，满足线路正常使用要求。一方面由于线路投入使用的周期尚短，各种影响因素对绝缘子的破坏存在积累效应，时间短，对绝缘电阻影响较小；另外一方面，绝缘子的绝缘电阻本身受影响程度就比较微弱。

（五）RTV 涂层黏附力试验

对涂覆 RTV 材料的大吨位绝缘子的表面漆膜的黏附力测试，参照 GB/T 9286—1998 《色漆和清漆　漆膜的划格试验》，采用 QFH 附着力测定仪进行测量，实验切割的过程中应保证切割图形每个方向的切割数为 6。试验中至少在三个不同的位置完成，如三个位置的试验结果不同，应在多于三个位置上重复试验，并记录全部结果。根据标准，将漆膜附着力分为 0～5 级，0 级对应的漆膜附着力最好，5 级对应的漆膜附着力最差，其分类标准如表 5-5 所示。对于一般用途，0～2 级是满足要求的，而 3～5 级则不能满足要求。通过对表面漆膜的切割，结果如表 5-5 所示。

表 5-5　　　　　　　　　　　　　附着力测试标准

ISO 等级	测试结果
0	切口边缘完全光滑，格子边缘没有任何掉落
1	在切口的相交处有小片剥落，划格内实际破损不超过 5%
2	在切口的相交处有剥落，其面积超过 5%但不到 15%

ISO 等级	测试结果
3	沿切口边缘有部分剥落或整大片剥落，或者部分格子被正品剥落，被剥落的面积超过 15％，但是不到 35％
4	切口边缘大片剥落，或者一些方格部分或全部剥落，其面积大于划格区域的 35％，但是不超过 65％
5	切口边缘大片剥落，面积超过 65％

由表 5-6 可知，运行 3 年后的 RTV 绝缘子表面漆膜的附着力出现了一定程度的下降，总体上表面漆膜的等级分布在 ISO-1 和 ISO-2 之间，大部分绝缘子表面漆膜满足实际运行的要求。小部分绝缘子表面漆膜出现了劣化严重的情况，表现为：漆膜切割时，涂层沿切割边缘大面积剥落，部分运行 8 年的 RTV 绝缘子表面涂层的附着力等级处于 ISO-4。RTV 涂层的附着力均有所下降，下降原因主要有橡胶涂料的老化、涂覆不均匀形成的应力集中点、涂料与底材距离过大导致的色散力下降等，同时由于 RTV 涂料的现场喷涂，未有效清理瓷或玻璃绝缘子表面时，也会引起涂层与底材之间的附着力下降速度快。

表 5-6　　　　　　　　　涂覆 RTV 大吨位绝缘子的漆膜附着力

序号	绝缘子	位置	黏附力
1	U420BP/205H	低压	ISO-2、ISO-1
2	U420BP/205H	中压	ISO-2、ISO-1
3	U420BP/205H	高压	ISO-3、ISO-2
4	U550BP/240H	低压	ISO-2、ISO-3
5	U550BP/240H	中压	ISO-2、ISO-1
6	U550BP/240H	高压	ISO-2、ISO-3
7	CA-597EX	低压	ISO-2、ISO-1
8	CA-597EX	中压	ISO-2、ISO-1
9	CA-597EX	高压	ISO-3、ISO-2
10	U420BP/205D	低压	ISO-1
11	U420BP/205D	中压	ISO-1
12	U420BP/205D	高压	ISO-1
13	U420BP/205D	低压	ISO-1、ISO-2、ISO-3
14	U420BP/205D	中压	ISO-1、ISO-2、ISO-3
15	U420BP/205D	高压	ISO-3、ISO-2
16	U550BP/240T	—	ISO-1、ISO-2、ISO-3

橡胶涂料的老化，其实质是橡胶分子链的主链、侧链、交联键发生了断裂，同时产生了新的交联，当橡胶分子链以新的交联反应占优势时，老化则呈现出表面变硬、发脆产生裂纹等；涂覆不均匀形成的应力集中点，当涂料涂覆绝缘子表面时，只要涂膜稍具流动性，涂膜收缩，厚度不均匀及三维尺寸的变化就很少会生成不可释放应力，从而生成应力集中点，导致附着力降低；涂料与底材距离过大导致色散力下降。涂料润湿固体表面时会诱导产生偶极子间的吸引力，称为色散力，其是范德华力的一种，对附着力有所贡献，对某些底材与涂料体系，这些力提供了涂料和底材间的大部分吸引力。色散力与涂料到底材间距离的六次方或七次方成反比。当距离超过 0.5nm 时，力的作用明显下降。

（六）RTV 涂层红外光谱试验

1. 傅里叶变换红外光谱法简介

红外辐射是指波数在 $13\,333\sim10\mathrm{cm}^{-1}$，波长在 $0.75\sim1000\mu\mathrm{m}$ 之间的电磁辐射，红外光谱区域的划分如表 5-7 所示，波数 ν 和波长 λ 之间是倒数关系，即 $\nu=10\,000/\lambda$（其中，波数单位是 cm^{-1}，波长单位是 $\mu\mathrm{m}$）。

表 5-7   红外光谱区域的划分

区域	波长 λ（$\mu\mathrm{m}$）	波数 ν（cm^{-1}）
近红外区	$0.78\sim2.5$	$4000\sim12\,800$
中红外区	$2.5\sim50$	$200\sim4000$
远红外区	$50\sim1000$	$10\sim200$
常用区域	$2.5\sim25$	$400\sim4000$

红外光谱法是研究红外光与物质间相互作用的科学，当一定波长（波数）的红外辐射的能量恰好等于激发某一基团从基态跃迁到激发态的某种振动能级或转动能级所需要的能量时，此波长的红外光被样品吸收；红外光谱通常是指有机物质在连续红外光的辐射下，选择性地吸收其中某些波长光线后，用红外光谱仪记录所形成的吸收谱带。傅里叶光谱法就是利用干涉图和光谱图之间的对应关系，通过测量干涉图和对干涉图进行傅里叶积分变换的方法来测定和研究光谱图的。和传统的色散型光谱仪相比较，傅里叶光谱仪能同时测量、记录所有光谱信号，更高效，比传统光谱仪的信噪比和分辨率更高；同时它的数字化的光谱数据，也便于数据的计算机处理和演绎。

2. 试验分析方法

试验采用红外光谱仪测量光谱范围为 $7800\sim350\mathrm{cm}^{-1}$，分辨率采用 $4\mathrm{cm}^{-1}$，每次测量中的扫描次数设置为 32 次。

典型硅橡胶试品红外光谱图如图 5-5 所示。

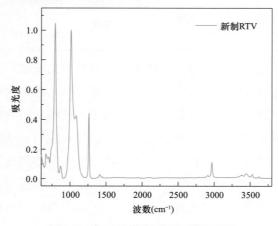

图 5-5　典型硅橡胶试品红外光谱图

红外光谱有两种表示方法，一种是吸光度，一种是透光率。吸光度和透光率表示的红外光谱是相反的，同一基团对应的特征峰，在吸光度图上表现为波峰，在透光率图上表现为波谷。

透光率 T 和吸光度 A 之间的关系可以表示为

$$A = \lg \frac{1}{T} \tag{5-1}$$

从透光率光谱中虽然能直观地看出试品红外光的吸收情况，但是透光率光谱的透光率与所测试品的质量不成正比，即透光率光谱一般用于定性比较，不用于红外光谱的定量分析；而吸光度光谱的吸光度值 A 在一定范围内与样品的厚度和浓度成正比关系，所以可用于定量分析。

红外光谱定量分析的依据是朗伯—比耳定律，简称比耳定律，其表述为：当一束光通过样品时，任一波长的吸收强度（吸光度）与样品中各组分浓度成正比，与光程长（样品厚度）成正比，在任一波数（ν）处的吸光度为

$$A(\nu) = \lg \frac{1}{T(\nu)} = a(\nu)bc \tag{5-2}$$

式中：$A(\nu)$ 和 $T(\nu)$ 分别表示在波数（ν）处的吸光度和透光率，$A(\nu)$ 是没有单位的；$a(\nu)$ 表示在波数（ν）处的吸光度系数，是所测样品在单位浓度和单位厚度下在波数（ν）处的吸光度；b 表示光程长（样品厚度）；c 表示样品的浓度。对硅橡胶试品的红外光谱而言，如果用吸光度表示老化程度，则 $Si\text{-}CH_3$、$Si(CH_3)_2$、$C\text{-}H$ 基团对应吸收峰的减小程度反映了侧链的断裂程度，而 $Si\text{-}O\text{-}Si$ 基团对应吸收峰变化反映了主链的断裂程度。主链、侧链的断裂程度是表征绝缘子老化的重要参量。

3. FTIR 分析测试结果

FTIR 可以分析材料分子中的基团和化学键，通过 FTIR 谱图中吸收峰的峰值和面积评估材料的运行状态。RTV 涂层中各主要官能团的红外吸收光谱如表 5-8 所示。FTIR 分析采用布鲁克 ALPHA 型红外光谱仪进行测试。在 RTV 绝缘子表面涂层均匀处进行多处取样，用小刀片紧贴瓷表面将 RTV 涂层刮下取样，取样涂层的尺寸约为 $2cm \times 2cm$。

表 5-8　　　　　　　　　　　RTV 涂层各主要官能团的红外吸收光谱

官能团	波数（cm^{-1}）
$Si(CH_3)_3$	700
Si-O in $Si(CH_3)_2$	790～840
Si-O in $Si(CH_3)_3$	850～870
Si-O in Si-O-Si	1000～1100
C-H in Si-CH_3	1255～1270
C-H	1410～1440
O-H in H_2O	1640
C-H in CH_3	2960～2962
OH	3200～3700

对酒精擦拭过的试品进行红外光谱测试，对第 1～12 串 RTV 绝缘子涂层进行试验，红外光谱图如图 5-6 所示。为了直观地比较，加入新制 RTV 涂层 FTIR 谱图。

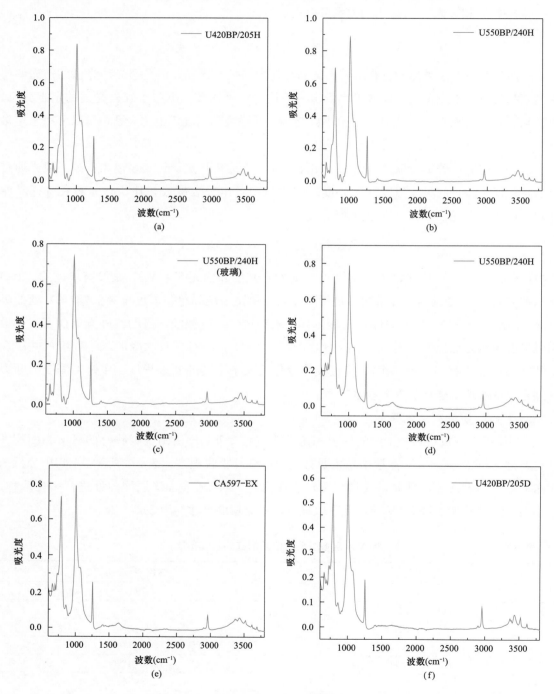

图 5-6　各串 RTV 绝缘子红外谱图（一）

（a）第 1 串谱图；（b）第 2 串谱图；（c）第 3 串谱图；（d）第 4 串谱图；

（e）第 5 串谱图；（f）第 6 串谱图

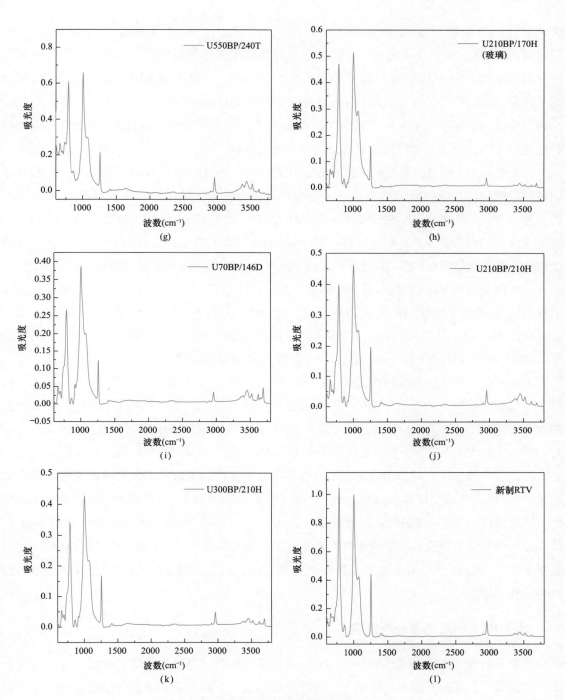

图 5-6　各串 RTV 绝缘子红外谱图（二）

（g）第 7 串谱图；（h）第 8 串谱图；（i）第 9 串谱图；（j）第 10 串谱图；

（k）第 11 串谱图；（l）新制 RTV 涂层谱图

由图 5-6 可知：

（1）运行不同年限后，RTV 绝缘子表面涂层各主要官能团的特征峰值均出现了不同程度的衰减，在硅橡胶主链的 Si-O-Si（1000～1100cm^{-1}）和交联基团中的 Si-O（790～870cm^{-1}）的吸收峰出现了衰减，与涂层憎水性密切相关的侧链甲基 Si-CH$_3$ 中的 C-H 吸收峰（对称摇摆 1255～1270cm^{-1} 和不对称 2960～2962cm^{-1}）的强度相比，新制 RTV 涂层出现了明显下降。另外，与无机填料 ATH 相关的羟基 OH 基团（3200～3700cm^{-1}）的吸收峰出现了下降，表明涂层中无机填料的含量也减少了。以上表明长期运行应力对 RTV 涂层中的硅橡胶基团、憎水性基团及交联程度有着明显的损耗。

（2）在图 5-6 的高波数端，硅橡胶表面代表—OH 的吸收峰（3200～3700cm^{-1}）相比于内部有所增强，其原因可能有两点：一是随着表面有机成分的减少，无机阻燃剂 Al(OH)$_3$ 的含量会相应的增加，从而使—OH 的吸收峰增强；二是如果主链断裂程度严重，断裂后的硅与空气中的水重新反应，形成硅醇，产生硅羟基—OH，在 3200～3700cm^{-1} 也会出现新的吸收峰。但无论是哪种原因，羟基峰的增强与有机成分的减少和主链的断裂都有密切的联系。

（3）随着运行年限的增加，RTV 绝缘子涂层红外光谱图中 Si-O 键、Si-CH$_3$ 键的吸收峰值逐渐下降，涂层硅橡胶分子结构变化程度增大。新制 RTV 涂层 Si-O 键（1100～1000cm^{-1}）、Si-CH$_3$ 键（1270～1255cm^{-1}）的吸收峰值约为 1.0 和 0.42，运行 2 年的 U420BP/205H 绝缘子涂层 Si-O 键、Si-CH$_3$ 键的吸收峰值约为 0.82 和 0.28；运行 3 年的 CA-597EX 绝缘子涂层的吸收峰值约为 0.76 和 0.23；运行 5 年的 U210BP/170H（玻璃）绝缘子涂层的吸收峰值约为 0.51 和 0.15；运行 8 年的 U210BP/210H 绝缘子涂层的吸收峰值约为 0.45 和 0.13。涂层 Si-O 键、Si-CH$_3$ 键吸收峰值的降低，反映了涂层硅橡胶分子结构的变化，吸收峰值越低表明分子结构变化程度越高，老化涂层与新涂层的化学特性差异越大。

当涂层中各主要官能团出现明显下降时，涂层中硅橡胶主链及侧链甲基断裂情况就十分严重，此时 RTV 涂层的憎水性也会随之严重下降，这就导致 RTV 涂层的防污闪能力大大降低，因此建议当 RTV 涂层代表硅橡胶主链的 Si-O-Si（1000～1100cm^{-1}）、交联基团中的 Si-O（790～870cm^{-1}）及与涂层憎水性密切相关的侧链甲基 Si-CH$_3$ 中的 C-H 吸收峰值（对称摇摆 1255～1270cm^{-1}）较新制涂层降低 70% 以上时，需要定期检测 RTV 绝缘子表面涂层的材料特性指标。

（七）RTV 涂层热重分析试验

热重分析仪（thermo gravimetric analyzer）是一种利用热重法检测物质温度和质量变化关系的仪器。其原理是在程序控制下，匀速升高温度，并同时不断测量样品的质量，最后得出样品质量随温度的变化曲线，进而分析样品的热稳定性、组分等。仪器的组成部分包括天平、加热炉、温控系统、记录系统等。TG 一般会与其他的分析方法联合使用，更加全面地分析材料的组分及结构变化等。

热重分析试验为保证测量精度，试验样品的质量控制在 5～10mg，并在氮气氛围中以 20℃/min 的速率从 20℃升温至 650℃。新制 RTV 涂层热重分析结果如图 5-7 所示，TG 图像表示试品质量百分比随温度变化的曲线。

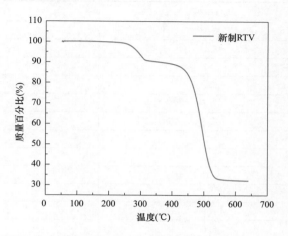

图 5-7 新制 RTV 涂层热重分析谱图

由图 5-7 可知，试品在受热升温过程中经历了 2 次质量变化，第 1 次发生在 220～320℃阶段，第 2 次发生在 350～600℃阶段。第 1 阶段试品质量下降幅度较小，为 5%～8%；第 2 阶段试品质量下降幅度较大，为 40%～55%。RTV 绝缘子表面涂层主要由有机硅化合物、无机填料 ATH 和白炭黑构成，无机填料 ATH 的分解温度为 220～320℃，交联的有机硅化合物的分解温度为 350～600℃。白炭黑具有良好的耐高温性能，在测试温度内几乎不发生分解。无机填料 ATH 受热分解生成的 Al_2O_3、交联的有机硅化合物受热分解的 SiO_2，二者均有优良的耐高温性能，因此当温度高于 600℃时，试品质量保持稳定不再变化。

采用热失重率推算涂层中 ATH、硅橡胶及无机物的含量，计算式为

$$\Delta M = \frac{m_{PDMS} \times \Delta m_{PDMS} + m_{ATH} \times \Delta m_{ATH} + m_{IF} \times \Delta m_{IF}}{m_{PDMS} + m_{ATH} + m_{IF}} \tag{5-3}$$

式中：ΔM 为 RTV 涂层总的热失重率；Δm_{PDMS}、Δm_{ATH}、Δm_{IF} 分别为硅橡胶分子、ATH 和无机物的热失重率；m_{PDMS}、m_{ATH}、m_{IF} 分别为 RTV 涂层中硅橡胶分子、ATH 和无机物的含量。在 250～320℃ 范围内，RTV 涂层中 $\Delta m_{PDMS} = 2.85\%$、$\Delta m_{ATH} = 30.49\%$、$\Delta m_{IF} = 1.81\%$；在 350～600℃ 范围内，RTV 涂层中 $\Delta m_{PDMS} = 77.22\%$、$\Delta m_{ATH} = 5.17\%$、$\Delta m_{IF} = 0.67\%$。

图 5-7 中新制 RTV 涂层在 250～320℃ 范围内，RTV 绝缘子涂层质量变化 $\Delta M = 8.96\%$；在 350～600℃ 范围内，新制 RTV 涂层质量变化 $\Delta M = 57.6\%$，分别代入式（5-3），为方便计算取 RTV 涂层中硅橡胶分子含量 $m_{PDMS} = 100$，则 $m_{ATH} = 30.5$，$m_{IF} = 6.37$，可得新制 RTV 涂层中硅橡胶分子、ATH 和无机物的质量百分数分别为 73.1%、22.3% 和 4.6%。抽样 RTV 绝缘子在 250～320℃ 和 350～600℃ 范围内质量变化百分数如表 5-9 所示。由式（5-3）计算运行 RTV 绝缘子表面涂层中硅橡胶分子、ATH 和无机物的质量百分数，如图 5-8 所示。

表 5-9　　　　抽样 RTV 绝缘子在 250～320℃ 和 350～600℃ 范围内质量变化百分数　　（单位：%）

编号	250～320℃	350～600℃
1	8.96	57.6
2	8.7	54.7
3	5.3	48
4	5.3	44.3
5	7.7	38
6	6.7	53.53
7	9.75	52
8	6.8	59.8
9	9	55
10	7.2	58.9
11	7.9	58.7
12	8.6	53.8

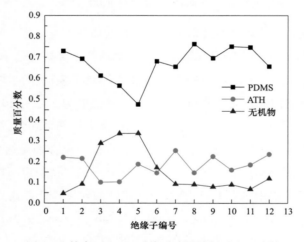

图 5-8　特高压 RTV 绝缘子涂层填料质量百分数

由图 5-8 可知，RTV 绝缘子表面涂层中填料含量基本保持一致，不同老化情况下填料含量无明显差异。RTV 绝缘子表面涂层中硅橡胶分子（Polydimethylsiloxane，PDMS）含量先逐渐下降，随后基本保持不变，PDMS 含量保持在 65% 左右变化；ATH 含量在 0.1～0.2 区间内浮动变化，其平均值为 0.17；无机物含量变化趋势与硅橡胶分子变化相反，先呈现增加的趋势，随后基本保持不变。由此可见，不同老化程度的 RTV 绝缘子涂层中填料流失程度基本一致，涂层中硅橡胶分子、ATH 和无机物的含量保持 65.1%、17.6% 和 15.2%。通过热重分析获得老化涂层中各填料的相对含量，但并不能有效反映涂层的化学特性的变化规律。

（八）RTV 涂层介电特性试验

相对介电常数、介质损耗正切值和体积电阻率是衡量绝缘材料电气性能的重要参量，其中相对介电常数可以表征介质材料的性质或极化性质，介质损耗正切值可以表征介质损耗程度，体积电阻率可以表征绝缘材料整体绝缘性能的好坏。通过运行 RTV 绝缘子表面涂层介电特性的测试，可以获得不同运行情况下涂层的介电特性变化规律，进而反映涂层的老化状态。

采用 Novocontrol Concept 80 型宽频介电谱仪测试 RTV 绝缘子表面涂层的相对介电常数、体积电阻率和介质损耗正切值的频率响应特性。宽频介电谱仪及其结构示意图如图 5-9 所示，试验中测试频率范围为 $10^{-1} \sim 10^7$ Hz，测试温度为室温（25 ± 1）℃，采用直径为 20mm、厚度为 1mm 的铜电极作为对电极进行测量。使用 Novocontrol Concept 80 宽频介电谱仪前，需要对其进行整体测试校正，并根据不同运行年限 RTV 绝缘子涂层厚度及所用铜电极尺寸进行相关设置，试验前用游标卡尺测量每个样品的厚度。

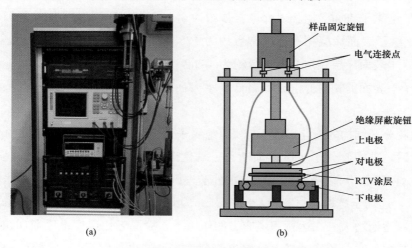

图 5-9　宽频介电谱仪及其结构示意图

（a）宽频介电谱仪；（b）样品结构示意图

1. 相对介电常数

图 5-10 所示为 RTV 绝缘子表面涂层相对介电常数随频率变化趋势图和工频下不同运行年限 RTV 绝缘子表面涂层的相对介电常数。

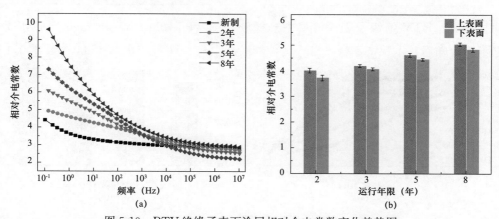

图 5-10　RTV 绝缘子表面涂层相对介电常数变化趋势图

（a）RTV 绝缘子表面涂层相对介电常数随频率变化趋势图；（b）工频下不同运行年限 RTV 绝缘子表面涂层的相对介电常数

由图 5-10 可以看出：

（1）在测试频率范围内，尤其是 $10^{-1} \sim 10^{2}\,\mathrm{Hz}$ 之间，RTV 绝缘子表面涂层的相对介电常数随运行年限的增加而逐渐增大。在 $10^{-1} \sim 10^{7}\,\mathrm{Hz}$ 频率测试范围内，RTV 绝缘子表面涂层相对介电常数随频率的增加逐渐减小，新制 RTV 涂层的相对介电常数由 4.41 下降到 2.87，工频 50Hz 下的相对介电常数为 3.18。运行 2 年的 RTV 绝缘子涂层由 4.9 下降到 2.73，运行 5 年的 RTV 绝缘子涂层由 7.3 下降到 2.4，而运行 8 年的 RTV 绝缘子涂层由 9.57 下降到 2.87。

（2）工频下 RTV 绝缘子表面涂层的相对介电常数随运行年限的增加而增大。工频下运行 2 年的 RTV 绝缘子表面涂层相对介电常数约为 3.86，相对于新涂层提高了 21.3%；运行 5 年的 RTV 绝缘子表面涂层相对介电常数约为 4.53，相对于新涂层提高了 42.4%；运行 8 年的 RTV 绝缘子表面涂层相对介电常数约为 4.93，相对于新涂层提高了 55%。不同运行年限 RTV 绝缘子下表面的相对介电常数略低于上表面，表明下表面涂层的介电特性优于上表面涂层。

（3）硅橡胶分子结构的变化引起了 RTV 绝缘子表面涂层的相对介电常数的变化。RTV 绝缘子在运行后，硅橡胶分子主链逐渐断裂、氧化出现 C-O、-C＝O、-OH 等强极性基团，-OH 属于亲水性基团，可以吸附空气中的水分子进入涂层材料中，室温条件下水分子的相对介电常数为 81，远高于硅橡胶材料本身的 3～6，因此随着 RTV 涂层运行时间的增加，涂层的相对介电常数逐渐增大。在运行环境应力的作用下，涂层老化速度也逐渐加快，涂层中强极性基团越来越多，水分子渗透进入涂层也逐渐增多，这也导致 RTV 涂层的相对介电常数增大速度变快。

2. 介质损耗正切值

图 5-11 所示为 RTV 绝缘子表面涂层介质损耗正切值随频率变化趋势图和工频下 RTV 绝缘子表面涂层的介质损耗正切值。

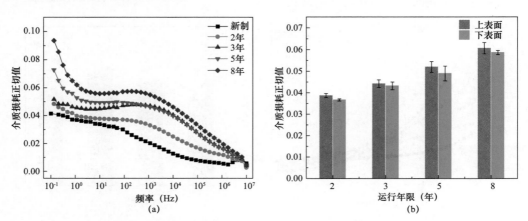

图 5-11　RTV 绝缘子表面涂层介质损耗正切值变化趋势图

（a）RTV 绝缘子表面涂层介质损耗正切值随频率变化趋势图；（b）工频下 RTV 绝缘子表面涂层的介质损耗正切值

由图 5-11 可以看出：

（1）在测试频率范围内，RTV 绝缘子表面涂层的介质损耗正切值随运行年限的增加而增大。在 $10^{-1} \sim 10^{0}$ Hz 和 $10^{2} \sim 10^{7}$ Hz 频率范围内，RTV 绝缘子表面涂层的介质损耗正切值随频率的增加逐渐降低，在 $10^{0} \sim 10^{2}$ Hz 频率范围内，涂层的介质损耗正切值基本保持不变。低频下 RTV 涂层的介质损耗正切值与材料的漏电损耗有关，高频时涂层的介质损耗正切值与材料的极化损耗有关。新制 RTV 涂层的介质损耗正切值由 19.1% 降低到 0.8%，工频 50Hz 下的介质损耗正切值为 3.3%。运行 2 年的 RTV 绝缘子涂层在频率测试范围内由 4.8% 下降为 0.2%，而运行 8 年的 RTV 涂层由 9.3% 下降为 0.5%。

（2）工频下 RTV 绝缘子表面涂层的介质损耗正切值随运行年限的增加而逐渐增大，涂层的极化损耗随着运行时间的增加逐渐上升。运行 2 年的 RTV 绝缘子表面涂层的介质损耗正切值约为 3.7%，相对于新涂层增加了 12.1%；运行 5 年的 RTV 绝缘子表面涂层的介质损耗正切值约为 5.1%，相对于新涂层增加了 51.5%；运行 8 年的 RTV 绝缘子表面涂层的介质损耗正切值约为 5.9%，相对于新涂层增加了 78.7%。

（3）硅橡胶分子结构的变化引起了 RTV 绝缘子表面涂层的介质损耗正切值的变化。RTV 绝缘子运行一段时间后，涂层中硅橡胶分子化学键断裂，导致硅橡胶分子中 Si-OH 明显增加，由于 Si-OH 的亲水性，涂层容易吸附空气中的水分子渗透进入涂层，在交变电场作用下涂层极化损耗增加。同时，RTV 涂层老化后涂层中出现一定数量的游离态自由基，这也在一定程度上增大了材料的极化损耗，造成涂层介质损耗正切值的上升。

3. 体积电阻率

图 5-12 所示为 RTV 绝缘子表面涂层体积电阻率随频率变化趋势图和工频下运行不同年限 RTV 绝缘子表面涂层的体积电阻率。

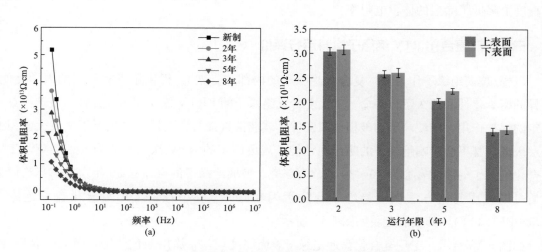

图 5-12　RTV 绝缘子表面涂层体积电阻率变化趋势图

（a）RTV 绝缘子表面涂层体积电阻率随频率变化趋势图；（b）工频下运行不同年限 RTV 绝缘子表面涂层的体积电阻率

由图 5-12 可以看出：

(1) 在测试频率范围内，RTV 绝缘子表面涂层的体积电阻率随运行年限的增加而逐渐降低。在 $10^{-1} \sim 10^7$ Hz 频率测试范围内，RTV 绝缘子表面涂层的体积电阻率随频率的增加逐渐降低，新制 RTV 涂层的体积电阻率由 5.18×10^{13} Ω·cm 降低到 1.13×10^7 Ω·cm，工频 50Hz 下的体积电阻率为 3.4×10^{11} Ω·cm。不同运行年限的 RTV 绝缘子表面涂层在 $10^{-1} \sim 10^0$ Hz 范围内差异比较明显，新制 RTV 涂层由 5.18×10^{13} Ω·cm 降低到 5.68×10^{12} Ω·cm，运行 2 年的 RTV 绝缘子表面涂层由 3.67×10^{13} Ω·cm 降低到 5.68×10^{12} Ω·cm，运行 5 年的 RTV 绝缘子表面涂层由 2.12×10^{13} Ω·cm 降低到 4.32×10^{12} Ω·cm，而运行 8 年的 RTV 绝缘子表面涂层由 1.06×10^{13} Ω·cm 降低到 2.1×10^{12} Ω·cm。

(2) 工频下 RTV 绝缘子表面涂层的体积电阻率随运行年限的增加而逐渐降低。运行 2 年的 RTV 绝缘子表面涂层的体积电阻率约为 3.06×10^{11} Ω·cm，相对于新涂层降低了 10%；运行 5 年的 RTV 绝缘子表面涂层的体积电阻率下降为 2.14×10^{11} Ω·cm，相对于新涂层降低了 37%；运行 8 年的 RTV 绝缘子表面涂层的体积电阻率下降为 1.43×10^{11} Ω·cm，相对于新涂层降低了 57.9%。涂层上、下表面的体积电阻率差异不大，运行年限 5 年后下表面涂层的体积电阻率略高于上表面。

(3) 硅橡胶分子结构的变化引起了 RTV 绝缘子表面涂层的体积电阻率的变化。RTV 绝缘子表面涂层的体积电阻率与涂层中自由载流子数量有着密切联系，运行一段时间后，涂层中硅橡胶分子在氧化反应、断链反应、交联反应及自由基、羟基产生等一系列作用下，硅橡胶主链断裂成小分子短链，并同时生成-O-、-H、-CH$_3$ 等游离态自由基，在一定程度上降低了涂层的体积电阻率。同时，在运行过程中，RTV 涂层表面逐渐沉积污秽，污秽中含有碳酸根 $(CO_3)^{2-}$、硝酸根 $(NO_3)^-$、硫酸根 $(SO_4)^{2-}$、氯离子 Cl^- 等强导电离子，这也在一定程度上降低了涂层的体积电阻率。

三、工厂复合化 RTV 绝缘子涂料运行评价

以瓷/玻璃绝缘子作为工厂复合化绝缘子的内部"骨架"，提供了可靠稳定的力学性能、优异的耐老化性和持久运行寿命。工厂复合化绝缘子的 PRTV 涂层对内部瓷件、玻璃件具有一定的保护作用，即使涂层的破损导致瓷件、玻璃件直接与大气接触，只要不是较大面积的涂层破坏，都不会影响绝缘子的防污闪性能。现场施工的 RTV 涂层寿命为 5～10 年，工厂复合化绝缘子的涂层寿命为 20～30 年，内部瓷、玻璃绝缘子的寿命在 50 年左右，当涂层失效后可以采用复涂方法恢复绝缘子的防污闪性能。试验中抽取工厂复合化盘形绝缘子（U550BP/240T），其表面形貌如图 5-13 所示。

如图 5-13 所示，工厂复合化盘形绝缘子表面厚度均匀，涂层颜色鲜艳，而运行 RTV 绝缘子表面涂层则出现了喷涂不均匀、厚度不一致的情况，因此认为工厂复合化盘形绝缘子的外观形貌明显优于运行 RTV 绝缘子表面涂层。

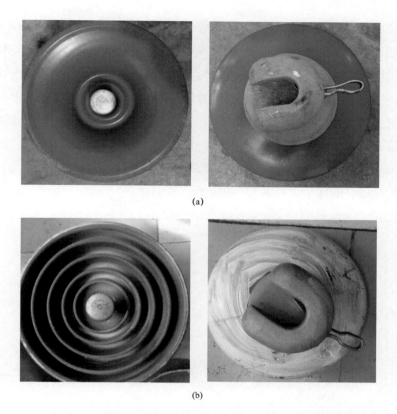

图 5-13　工厂复合化盘形绝缘子与运行 RTV 绝缘子表面形貌

（a）工厂复合化盘形绝缘子；（b）运行 RTV 绝缘子

绝缘子的憎水性采用喷水法（HC 法）进行测试，结果表明：绝缘子表面各处憎水性均为 HC1，憎水性优异。人工喷涂 RTV 涂料的绝缘子（U420BP/205H）在运行一段时间后，憎水性为 HC2～HC3，憎水性出现明显下降，如图 5-14 所示。

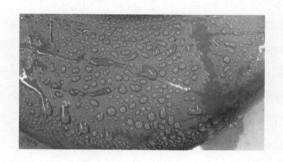

图 5-14　运行 RTV 绝缘子（U420BP/205H）的憎水性

如图 5-15 所示，工厂复合化绝缘子的红外光谱图中涂层表面硅橡胶主链的 Si-O-Si（1000～1100cm^{-1}）、交联基团中的 Si-O（790～870cm^{-1}）、涂层憎水性密切相关的侧链甲基 Si-CH$_3$ 中的 C-H（对称摇摆 1255～1270cm^{-1} 和不对称 2960～2962cm^{-1}）的吸收峰值较高，表明涂层中硅橡胶相关基团含量高，涂层的憎水性优异，而硅橡胶表面代表-OH（3200～3700cm^{-1}）的吸收峰值低，工厂复合化 RTV 绝缘子表面涂层 Si-O 键（1100～1000cm^{-1}）、Si-CH$_3$ 键（1270～1255cm^{-1}）的吸收峰值约为 1.1 和 0.45。由涂层的热重分析谱图可以看出，在 250～320℃范围内，RTV 绝缘子表面涂层的质量变化为 8.73%；在 400～600℃范围内，涂层的质量变化为 59.16%，因此可得工厂复合化绝缘子表面涂层中硅橡胶分子、ATH和无机物的质量百分数分别为 73.5%、22.6%和 3.9%。由 FTIR 谱图和 TG 分析结果可知，工厂复合化绝缘子表面涂层中硅橡胶分子含量高于运行 RTV 绝缘子表面涂层，因此认为工厂复合化绝缘子涂层性能优于运行 RTV 绝缘子。

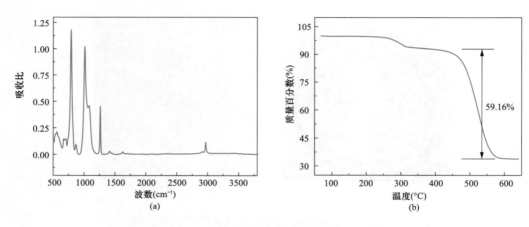

图 5-15　工厂复合化绝缘子 FTIR 和 TG 结果

（a）FTIR 分析；（b）TG 分析

由图 5-16 可知：

（1）在 10^{-1}～10^7Hz 频率测试范围内，RTV 绝缘子表面涂层相对介电常数随频率的增加逐渐减小，工厂复合化 RTV 绝缘子表面涂层的相对介电常数由 4.41 下降到 2.87，工频 50Hz 下的相对介电常数为 3.18。

（2）在 10^{-1}～10^0Hz 和 10^2～10^7Hz 频率范围内，RTV 绝缘子表面涂层的介质损耗正切值随频率的增加逐渐降低，在 10^0～10^2Hz 频率范围内，涂层的介质损耗正切值基本保持不变。低频下 RTV 涂层的介质损耗正切值与材料的漏电损耗有关，高频时涂层的介质损耗正切值与材料的极化损耗有关。工厂复合化 RTV 绝缘子表面涂层的介质损耗正切值由 19.1%降低到 0.8%，工频 50Hz 下的介质损耗正切值为 3.3%。

（3）在 10^{-1}～10^7Hz 频率测试范围内，RTV 绝缘子表面涂层的体积电阻率随频率的增加逐渐降低，工厂复合化 RTV 绝缘子表面涂层的体积电阻率由 $5.18×10^{13}$Ω·cm 降低到 $1.13×10^7$Ω·cm，工频 50Hz 下的体积电阻率为 $3.4×10^{11}$Ω·cm。

（4）工厂复合化绝缘子表面涂层的相对介电常数、介质损耗正切值均低于运行 RTV 绝缘子表面涂层，体积电阻率高于运行 RTV 绝缘子表面涂层，并满足 DL/T 627—2018《绝缘子用常温固化硅橡胶防污闪涂料》对绝缘子表面硅橡胶涂料节点性能的要求，因此认为工厂复合化绝缘子表面涂层的性能优于运行 RTV 绝缘子表面涂层。

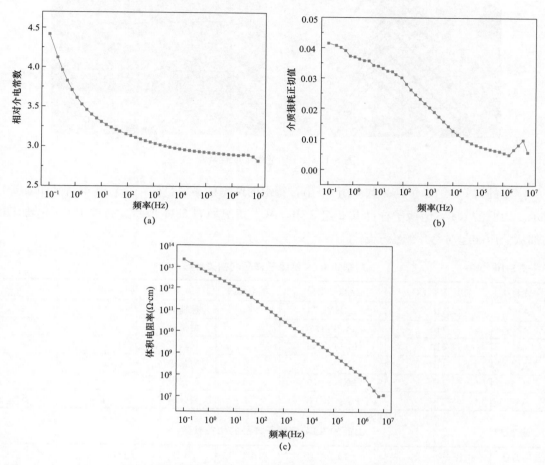

图 5-16　工厂复合化绝缘子的介电特性
（a）相对介电常数；（b）介质损耗正切值；（c）体积电阻率

四、干、湿气候下 RTV 绝缘子涂料运行特性

输电线路绝缘子表面的 RTV 涂层的劣化状态与当地的气候环境密切相关，本节以广东、山西两个南、北地区作为干、湿两种气候的典型代表，从两个地区各选取多串长期运行后的 RTV 绝缘子进行试验研究，对比分析在干、湿气候下，RTV 涂层运行特性的差异。

从广东电网公司及山西省电力公司管辖的输电线路上取得数串挂网运行多年的 RTV 绝缘子作为试验样品。广东属亚热带季风气候，特点是高温高湿、年降水量大，是华南地区湿气候的典型代表。山西属温带季风气候，特点是湿度不高、温和少雨，是华北地区干气候的典型代表。取样环境如图 5-17 所示。

图 5-17　RTV 绝缘子取样环境

　　广东的 RTV 绝缘子样品共 6 组 12 串，每组的两串样品取自同一点，基本情况如表 5-10 所示。山西的 RTV 绝缘子样品共 2 组 2 串，基本情况如表 5-11 所示。每串 RTV 绝缘子样品都从低压端起对每片绝缘子编号。

表 5-10　　　　　　　　　　　　　广东的 RTV 绝缘子样品的相关参数

样品编号	电压等级（kV）	绝缘子型号	单串片数	串型	运行年限（年）	污区等级
A1	110	LXHY4-70	9	悬垂串	8	d
A2	110	FC7P/146	7	耐张串	7	e
A3	110	FC70P/146	8	悬垂串	6	d
A4	110	FC7P/146	8	耐张串	6	d
A5	110	LXHY4-70	10	耐张串	3	e
A6	110	FC100P/146	8	耐张串	4	d

表 5-11　　　　　　　　　　　　　山西的 RTV 绝缘子样品的相关参数

样品编号	电压等级（kV）	绝缘子型号	单串片数	串型	运行年限（年）	污区等级
B1	220	LXWP4-100/146	18	耐张串	6	d
B2	220	LXWP4-100/146	18	耐张串	6	d

（一）外观状态分析

　　直观观测样品的外观状态，广东、山西两地的 RTV 绝缘子样品有着显著的差异。在颜色方面，广东的 RTV 绝缘子样品的涂层有局部褪色的现象，涂层颜色不均匀；山西的 RTV 绝缘子样品受涂层表面污秽影响，涂层颜色偏暗，尤其是绝缘子下表面，污秽完全遮盖了 RTV 涂层的颜色，但擦除污秽后，可以发现涂层颜色并没有发生太大的变化，没有褪色现象。

　　在涂层完整性方面，广东的 RTV 绝缘子样品的涂层出现了起皮现象，并且存在涂层大面积脱落的情况；山西的 RTV 绝缘子样品的涂层整体完整性较好，仅个别绝缘子的上表面靠近钢帽的位置有微小的起皮现象。两地的 RTV 绝缘子样品的外观状态如图 5-18 所示。

图 5-18　RTV 绝缘子样品的外观状态

（a）RTV 涂层褪色现象（广东）；（b）RTV 涂层起皮现象（广东）；（c）RTV 涂层脱落现象（广东）；
（d）RTV 涂层颜色被污秽遮盖现象（山西）；（e）RTV 涂层靠近钢帽的位置微小的起皮现象（山西）

显然，从外观状态可以判断，广东的 RTV 绝缘子样品的 RTV 涂层劣化得更为严重。为此，对广东的 RTV 绝缘子样品进一步分析，比较其上、下表面及不同位置的差异。可以发现，一般情况下，绝缘子上表面的 RTV 涂层比下表面的劣化严重，尤其是对于悬垂串样品 A1 和 A3，涂层褪色、大面积脱落的现象基本集中在上表面，下表面无明显劣化现象。对于耐张串绝缘子，RTV 涂层褪色、起皮、脱落的区域则集中在绝缘子的一侧，而根据现场取样时的信息反馈，这一侧是耐张串绝缘子挂网运行时向上的一侧，在运行过程中受阳光辐射、雨水冲刷的作用强度大于向下的一侧。对于同一串 RTV 绝缘子样品，每一片绝缘子上 RTV 涂层的外观状态基本类似，表 5-12 给出了所有 RTV 绝缘子样品外观状态的定性描述。

表 5-12　　　　　　　　　RTV 绝缘子样品外观状态的定性描述

样品编号	RTV 涂层外观状态定性描述
A1	绝缘子上表面部分涂层褪色、边沿涂层脱落，下表面涂层基本保持完整
A2	在绝缘子的一侧，上、下表面较大面积涂层脱落，另一侧上表面边沿涂层褪色
A3	绝缘子上表面外侧及边沿部分涂层起皮、脱落；下表面涂层较完整，棱上涂层起皮
A4	在绝缘子的一侧，上表面大面积涂层褪色，边沿涂层脱落；下表面部分涂层褪色，棱上涂层脱落
A5	在绝缘子的同一侧，上表面部分涂层起皮、脱落，附近涂层褪色；下表面部分涂层脱落
A6	绝缘子上表面一侧涂层褪色，下表面棱上涂层脱落
B1	绝缘子上表面涂层完整，个别绝缘子靠近钢帽的位置有微小的起皮现象；下表面颜色偏暗
B2	与 B1 类似，绝缘子上表面涂层完整，个别绝缘子靠近钢帽的位置有微小的起皮现象；下表面颜色偏暗

对于 RTV 涂层脱落的现象，广东的 6 组 RTV 绝缘子样品存在比较显著的差异，但是 RTV 涂层脱落的面积与样品的运行年限没有明显的相关关系。运行年限最长的 RTV 绝缘子串样品 A1，经过 8 年，仅绝缘子上表面边沿出现了 RTV 涂层脱落现象；而运行 7 年的 A2，RTV 涂层脱落的情况比 A1 严重；运行 6 年的 A3、A4，又明显好于 A2；运行仅 3 年的 A5，RTV 涂层脱落的情况却与 A2 相近。因此，对于电网运行管理部门而言，广东地区的 RTV 绝缘子，即使运行年限较短，也需要关注其是否存在涂层脱落现象。

此外，e 级污区的 RTV 绝缘子样品 A2、A5 都是 RTV 涂层脱落情况比较严重的样品，但限于样品数量及对 RTV 涂层脱落机理的研究，并不能给出所在污区等级更重的样品 RTV 涂层更容易脱落这一结论。

（二）附着力测量结果及分析

对 RTV 绝缘子样品沿串进行附着力测量，可以发现，在每片绝缘子的相同位置，结果基本相同，无论广东、山西的 RTV 绝缘子样品都没有表现出涂层附着力沿串分布的规律性，如图 5-19 所示。

表 5-13 是各组样品整串绝缘子相同位置的 RTV 涂层的附着力平均水平。对比广东、山西两地的 RTV 绝缘子样品的附着力试验结果，广东的样品的涂层附着力大部分超出了可接受范围，在 3 级之上。相同运行年限下，广东的样品 A3、A4 的涂层附着力明显比山西的样

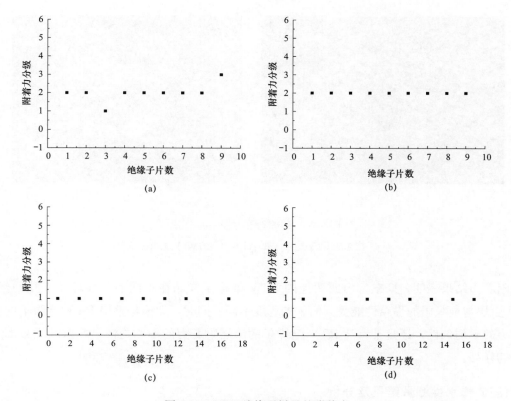

图 5-19　RTV 绝缘子样品的附着力
（a）样品 A1 上表面靠近钢帽位置；（b）样品 A1 上表面靠近边沿位置；
（c）样品 B2 上表面靠近钢帽位置；（d）样品 B2 上表面靠近边沿位置

品 B1、B2 的差。此外，对于广东的 RTV 绝缘子样品，附着力试验结果与样品的运行年限并没有明显的相关关系，且试验中发现靠近钢帽区域的涂层附着力要比靠近边沿区域的好，特别是边沿区域 RTV 涂层脱落较多的绝缘子，附近的未脱落涂层的附着力极差，可达 5 级，如图 5-20 （a）所示。对于山西的 RTV 绝缘子样品，大部分的涂层附着力都是 1 级，但在个别绝缘子靠近钢帽的区域有微小的涂层起皮现象，附近的涂层的附着力较差，可达 3 级，如图 5-20 （b）所示。

表 5-13　　　　　　　　　　　　　RTV 绝缘子样品的附着力测量结果

样品编号	附着力分级	
	靠近钢帽区域	靠近边沿区域
A1	2	2
A2	3	4
A3	3	4
A4	3	5
A5	3	4
A6	2	3
B1	1	1
B2	1	1

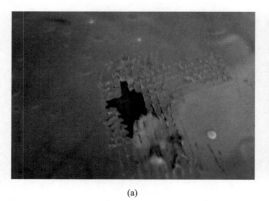
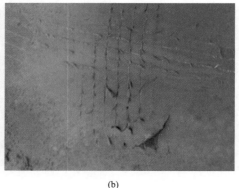

(a)   (b)

图 5-20   局部附着力较差的情况

（a）广东的 RTV 绝缘样品；（b）山西的 RTV 绝缘样品

　　附着力结果表明，广东、山西两地的 RTV 绝缘子样品在不同的气候环境下挂网运行，RTV 涂层与绝缘子的黏结性能受到的影响程度不同。同时，无论是整串 RTV 绝缘子的涂层附着力的不均匀性，还是某一片 RTV 绝缘子的涂层附着力的不均匀性，广东的样品都大于山西的样品。

（三）憎水性测量结果及分析

　　广东、山西两地的 RTV 绝缘子样品所在的污区等级都较重，在长期运行过程中，RTV 涂层表面积累了较重的污秽。RTV 涂层的憎水迁移性使得污秽也具有憎水性，考虑到所取的 RTV 绝缘子样品在运行过程中未进行过清扫维护，因此采用喷水分级法测量憎水迁移性时，没有清除 RTV 绝缘子样品表面的污秽。同时，由于广东的 RTV 绝缘子样品存在 RTV 涂层大面积脱落的现象，暴露的玻璃表面是亲水性的，因此，本节描述的憎水性结果仅针对未脱落的 RTV 涂层的表面憎水性。

　　对于同一串 RTV 绝缘子样品，表面憎水性没有表现出沿串分布的规律性，而是基本一致。但是，对于同一片绝缘子，RTV 涂层的劣化不均匀性，如广东的样品出现的局部 RTV 涂层褪色现象，导致表面憎水性存在局部位置较差的情况，如图 5-21 所示。

　　对所有 RTV 绝缘子样品的憎水性测量结果进行统计，如表 5-14 所示。长期运行后，RTV 涂层逐渐劣化，憎水性下降，就本节所取的 RTV 绝缘子样品而言，广东的样品的憎水性不均匀性大于山西的样品的不均匀性，所有样品上表面的憎水性不均匀性大于下表面的不均匀性。对比广东、山西两地的 RTV 绝缘子样品，广东的样品的憎水性更差，即使运行年限更短的 A5、A6，分别为 3、4 年，也比经过 6 年运行的山西的样品 B1、B2 的憎水性更差。这表明，在广东高温、高湿、多雨的气候环境下，RTV 涂层劣化得更快、更严重，长期运行后的憎水性下降明显。

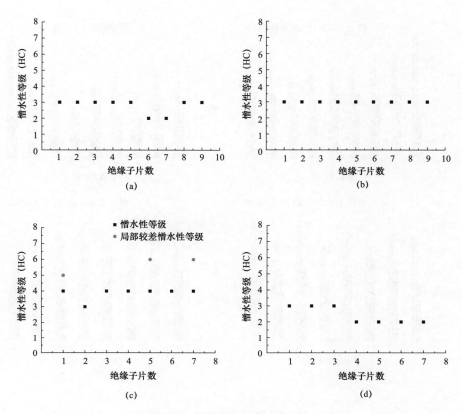

图 5-21　RTV 绝缘子样品的憎水性

（a）样品 A1 上表面憎水性；（b）样品 A1 下表面憎水性；

（c）样品 A2 上表面憎水性；（d）样品 A2 下表面憎水性

表 5-14　　　　　　　　　　RTV 绝缘子样品的憎水性测量结果

样品编号	憎水性分级	
	上表面	下表面
A1	HC3	HC3
A2	HC4，局部 HC5～HC6	HC2～HC3
A3	HC3	HC2～HC3
A4	HC3，局部 HC5	HC3
A5	HC3，局部 HC5	HC3
A6	HC3～HC4	HC2
B1	HC2，局部 HC4	HC1～HC2
B2	HC1～HC2	HC1

（四）等值盐密、灰密测量结果及分析

选取广东、山西两地的 RTV 绝缘子样品，自施涂 RTV 涂料后从未进行清扫维护，仅受自清洗作用，因此，在不同的气候环境下，自清洗效果不同，串型不同的样品自清洗效果也不同。为此，将所取的 RTV 绝缘子样品分为三组：广东的悬垂串、广东的耐张串、山西的耐张串。广东的悬垂串的等值盐密、灰密分析结果如图 5-22 所示。

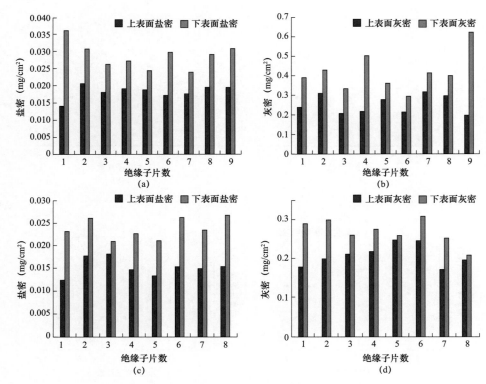

图 5-22 广东的悬垂串的等值盐密、灰密分析结果

(a) 样品 A1 盐密；(b) 样品 A1 灰密；(c) 样品 A3 盐密；(d) 样品 A3 灰密

从图 5-22 可以看出，广东的悬垂串，下表面的盐密、灰密都明显大于上表面。悬垂串的下表面没有被雨水直接冲刷的机会，自然风的影响也十分有限，自清洗效果极差，积污可以常年保持完好；而上表面则受雨水直接冲洗，广东的年降水量又较大，因此发生反复的清洗与积污过程，积污量难以保持。另一方面，广东的悬垂串的上表面有部分 RTV 涂层脱落，玻璃表面暴露出来，而下表面的 RTV 涂层较为完整，由于 RTV 涂层的自洁性远远不如玻璃，因此上表面的污秽更容易被自清洗。此外，广东的悬垂串没有表现出等值盐密、灰密沿串分布的明显规律，各片绝缘子的积污量比较均匀一致。

广东的耐张串的等值盐密、灰密分析结果如图 5-23 所示。对于广东的耐张串，下表面的积污量并没有明显大于上表面，因为在降雨时，耐张串的上、下表面都受到一定量的雨水冲刷。虽然下表面的深棱会对雨水冲刷效果造成一定的影响，但在强降雨情况下依然会有很显著的自清洗效果，因此，广东的耐张串的下表面积污并不一定比上表面重，污秽沿串分布无规律性。

山西的耐张串的等值盐密、灰密分析结果如图 5-24 所示。对于山西的耐张串，下表面的盐密、灰密都明显大于上表面，与广东的耐张串有明显的区别。出现这种情况的原因主要是两地气候的差异。山西的年降水量较小，强降雨更少，雨势较小时下表面的深棱会严重影响雨水的冲刷效果，因此即使是耐张串，下表面的积污自清洗效果也远不如上表面，导致下表面的积污更重。

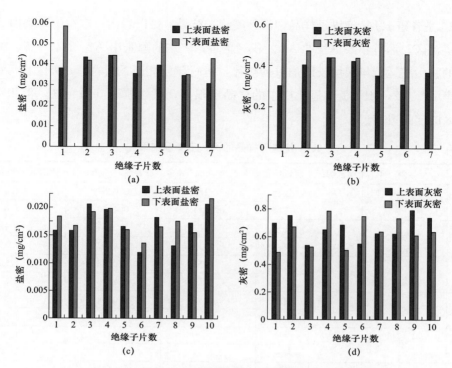

图 5-23 广东的耐张串的等值盐密、灰密分析结果

（a）样品 A2 盐密；（b）样品 A2 灰密；（c）样品 A5 盐密；（d）样品 A5 灰密

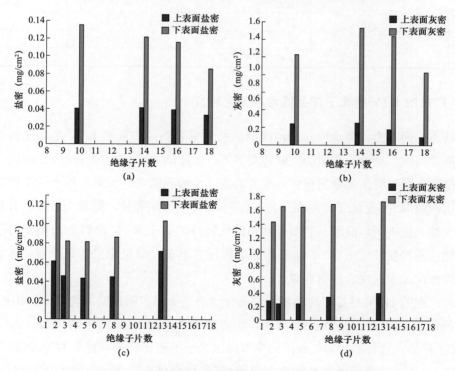

图 5-24 山西的耐张串的等值盐密、灰密分析结果

（a）样品 B1 盐密；（b）样品 B1 灰密；（c）样品 B2 盐密；（d）样品 B2 灰密

表 5-15 是各组 RTV 绝缘子样品的污秽度测量结果。可以看出，广东的悬垂串 A1、A3、都位于 d 级污区，运行年限更长的 A1 的积污更重；广东的耐张串 A2、A4、A5、A6，也表现出一定的积污随运行年限增长而加重的规律，运行年限相近的样品，e 级区积污更重；山西的耐张串 B1、B2，积污量明显比广东的样品重很多，虽然位于 d 级污区，但积污比广东的 e 级污区的样品更重。

表 5-15   RTV 绝缘子样品的污秽度测量结果

样品编号	运行年限（年）	污区等级	测量项目	上表面（mg/cm²）	下表面（mg/cm²）	比值（上表面/下表面）
A1	8	d	盐密	0.0182	0.0287	1.577
			灰密	0.2541	0.4166	1.640
A2	7	e	盐密	0.0381	0.0453	1.189
			灰密	0.3711	0.4907	1.322
A3	6	d	盐密	0.0152	0.0238	1.566
			灰密	0.2069	0.2696	1.303
A4	6	d	盐密	0.0197	0.0194	0.985
			灰密	0.3409	0.5347	1.568
A5	3	e	盐密	0.0170	0.0175	1.029
			灰密	0.6627	0.6305	0.951
A6	4	d	盐密	0.0196	0.0158	0.806
			灰密	0.2764	0.2441	0.883
B1	6	d	盐密	0.0387	0.1146	2.961
			灰密	0.2229	1.2566	5.638
B2	6	d	盐密	0.0534	0.0937	1.755
			灰密	0.3050	1.6326	5.353

（五）广东的 RTV 绝缘子样品的涂层劣化特征

外观状态、附着力、憎水性、污秽度的试验结果表明，广东的 RTV 绝缘子样品，由于长期在亚热带高温、高湿、多雨的气候环境下运行，RTV 涂层的劣化程度比山西的 RTV 绝缘子样品严重，主要特征为涂层褪色；附着力差，大面积起皮、脱落；憎水性下降明显。与之对比，山西的 RTV 绝缘子样品在运行 6 年后，RTV 涂层完整，附着力较好，并保持相当程度的憎水性。这表明，高温、高湿、多雨的气候环境对于 RTV 涂料的长期运行是比较不利的，虽然这种气候环境下 RTV 涂层表面的积污并不重，但是涂层劣化严重，尤其是出现了特有的大面积涂层起皮、脱落现象。

此外，广东的 RTV 绝缘子样品的涂层劣化状态还表现出明显的不均匀性，山西的 RTV 绝缘子样品的涂层也有一定程度的劣化，但并没有表现出明显的不均匀性。对于广东的 RTV 绝缘子样品，这种不均匀性在不同串型的绝缘子上有不同的规律。对于悬垂串绝缘子，如图 5-25（a）所示，绝缘子上表面的 RTV 涂层劣化得更为严重，有较大面积的涂层起皮、脱落或褪色，附着力不强，憎水性差，特别是对于靠近边沿位置，而下表面的 RTV 涂层的性能相对要好；对于耐张串绝缘子，如图 5-25（b）所示，按其挂网运行时的状态，向上一侧的 RTV 涂层劣化得更为严重。

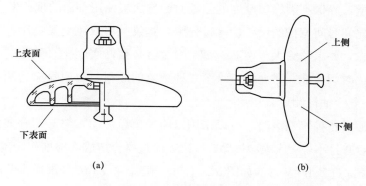

图 5-25　绝缘子表面位置

（a）悬垂绝缘子；（b）耐张绝缘子

第三节　RTV 防污闪涂料典型故障案例分析

一、RTV 防污闪涂料涂覆质量案例分析

在工业化使用中，广泛暴露的问题是涂层厚度不够，从而影响涂层憎水迁移性持续、均衡、持久的有效作用。

RTV 涂料涂层施工质量直接影响涂层的使用寿命。中华人民共和国电力行业标准 DL/T 627—2018《绝缘子用常温固化硅橡胶防污闪涂料》要求，涂层应均匀完整，不堆积、不缺损、不流淌，避免拉丝现象，涂层厚度要求：Ⅰ-Ⅱ级污区 0.2～0.3mm，Ⅲ-Ⅳ级污区及强风沙地区 0.4～0.5mm。可分两次涂刷或多次喷涂来完成。

但在实际施工过程中，受时间、施工工艺规程、经济利益、管理人员现场管理水平、涂层检测手段和施工人员操作水平及现场其他因素的影响，厚度往往不能达到工艺要求，出现涂层过薄甚至漏涂等现象，从而影响涂层的运行寿命，无法达到防污闪的目的。而防污闪涂料较重要的性能之一：憎水迁移性，是依靠消耗涂层自身来达到的，也就是说涂层相对厚度越厚，其使用寿命相对越长。防污闪涂料的质保期 5 年、8 年甚至 10 年（各个生产厂家的产品有所不同）就是在涂层厚度（主要指瓷绝缘子上表面）达到标准的基础上得来的。因此如何确保涂层厚度就成为了施工管理中较为重要的目的之一。

（一）RTV 现场涂覆质量建议措施

涂层厚度的保证，可用不同的施工要求来实现。一般喷涂一遍厚度平均在 0.2mm 左右。三遍喷涂厚度可以保证 0.5mm 左右。因此可以要求：①喷涂大于两遍；②抽样测厚以绝缘子上表面为检测点，这样既保证了颜色的美观，又保证了胶膜的厚度。

可采用色差较大的涂料分层喷涂的施工工艺保证 RTV 涂层的厚度，防止漏涂现象的发生，提高施工质量，确保不因涂层厚度的原因而影响涂层使用寿命的现象发生。

因此，在基建和时间宽松的设备检修过程中，建议采用双色交叉喷涂，可选用白色和红棕色涂料交叉喷涂，要求喷涂大于两遍，每遍喷涂后必须彻底固化（固化时间以该种涂料型式试验报告的固化时间为准）才允许喷涂第二种颜色的涂料，每遍喷涂后测量涂料厚度，可以取典型设备 3～5 个抽样测量。

在时间较短的设备检修喷涂时，可以采用以前的单色喷涂，但必须分多次喷涂，每次喷涂必须至少表干，并且不得一次喷涂过厚，一次喷涂过厚会造成涂层堆积、流淌，涂料表面粗糙等现象。一次喷涂过多 RTV 形貌如图 5-26 所示。喷涂完成后对全部喷涂设备进行厚度抽检。

图 5-26　一次喷涂过多 RTV 形貌

（二）RTV 涂覆质量典型案例

根据标准 DL/T 5727—2016《绝缘子用常温固化硅橡胶防污闪涂料现场施工技术规范》对某省内部分线路绝缘子涂覆 RTV 进行验收检查，发现不同中标单位涂覆质量差别较大。RTV 涂覆质量问题集中在涂层厚度不够、涂覆不均及涂层黏附力较弱，各厂家的 RTV 憎水性能都符合标准。满足标准的 RTV 绝缘子外观如图 5-27 所示。

（1）涂覆厚度不够。在某变电站发现某 RTV 涂料厂家喷涂工艺很差，大多数支柱瓷表面喷涂厚度不够，甚至许多支柱瓷表面颜色仍为瓷的颜色。最薄的地方（可以取样测量的）厚度仅为 0.06mm，许多地方太薄以至于根本无法取样，如图 5-28 所示。

图 5-27　满足标准的 RTV 绝缘子外观　　　　图 5-28　RTV 涂覆厚度太薄

（2）涂覆不均。涂覆不均是指喷涂的涂料外观好，但是表面不均匀，如图 5-29 所示。可以看到绝缘子表面颜色出现明显的分区现象。

图 5-29　涂覆不均示意图

（3）涂层黏附力较弱。如图 5-30 所示，对于黏附力较弱的 RTV 涂层，用绝缘杆可以将涂料成片去掉。

图 5-30　RTV 涂层黏附力较弱示意图

二、RTV 防污闪涂料憎水性丧失故障案例分析

（一）RTV 绝缘子憎水性丧失典型案例

对国内某几条特高压线路挂网运行的 RTV 绝缘子进行抽检。首先进行外观检查，标准规定合格的 RTV 涂层颜色鲜艳，涂层保持完好；伞裙边缘极少磨损脱落，伞裙完整。检查时采用游标卡尺、直尺、放大镜等进行观察和测量，对于颜色不均匀程度，当表面颜色不均匀时，应进行剖面检查或做空隙性等试验检测，如刨面检查发现瓷质不致密（有大量气孔）或有渗透现象时，则认为具有这种缺陷的产品为不符合标准。通过对涂覆 RTV 绝缘子的外观检查，结果如表 5-16 所示。

表 5-16　　　　　　　涂覆 RTV 大吨位绝缘子的外观检查（1000kV 交流）

序号	绝缘子	位置	外观检查
1	U420BP/205H	低压	颜色深，不均匀，上表面有大部分连续划痕；下表面伞裙边缘磨损，伞裙凹陷处大面积未喷涂

续表

序号	绝缘子	位置	外观检查
2	U420BP/205H	中压	颜色深，不均匀，上表面有较大部分磨损，伞裙边缘掉落严重；下表面伞裙边缘磨损，增爬群凹陷处大部分未喷涂 RTV 涂层
3	U420BP/205H	高压	颜色浅，均匀，上表面出现少量磨损；下表面伞裙边缘磨损，凹陷处有局部未喷涂 RTV 涂层
4	U550BP/240H	低压	颜色浅，均匀，上表面有多处划痕，RTV 涂层喷涂不均匀；下表面伞裙边缘有磨损
5	U550BP/240H	中压	颜色浅，不均匀，上表面多处损坏，局部有黑色痕迹；下表面伞裙边缘有磨损的现象
6	U550BP/240H	高压	颜色浅，均匀，伞裙边缘处黑色，且多处磨损；下表面伞裙边缘磨损
7	U550BP/240H（玻璃）	—	涂层出现磨损情况，喷涂 RTV 不均匀
8	CA-597EX	低压	颜色均匀，多处局部脱落
9	CA-597EX	中压	颜色均匀，表面有损坏，多处划痕与磨损，底部增爬裙遭到机械破坏
10	CA-597EX	高压	颜色均匀，表面有轻微划痕，底部完好
11	U420BP/205D	低压	颜色均匀；第二片底部金具连接处积污脱落严重，区域面积较小
12	U420BP/205D	中压	颜色均匀；第一片伞裙边缘基本掉落，第二片轻微掉落；底部金具连接处积污脱落严重
13	U420BP/205D	高压	颜色均匀；伞边缘存在局部脱落；底部金具连接处积污与老化严重；底部表面有脱落，面积约为 6.14mm×70mm
14	U420BP/205D	低压	颜色均匀；表面多处磨损，底部金具连接处积污脱落严重，大面积脱落；边缘局部磨损严重，长度约 118.02mm
15	U420BP/205D	中压	颜色均匀；第一片伞裙边缘局部掉落，第二片底部金具连接处积污脱落严重，大面积脱落占区域面积的一半左右
16	U420BP/205D	高压	颜色均匀；第一片基本完好，第二片部分掉落；底部金具连接处积污脱落严重
17	U550BP/240T	—	涂层颜色均匀，未发现明显涂层损伤情况

由表 5-16 所示的不同绝缘子串不同部位间外观比较可得：

（1）同一绝缘子串相同部位处，绝缘子的外观情况类似，而不同绝缘子串相同部位处，绝缘子的外观存在差异。例如，CA-597EX 耐张串上部第 2 片和第 3 片绝缘子，其外观情况均为颜色均匀，伞裙表面出现部分脱落，底部完好；而 U420BP/205D 悬垂串上部第 3 片和第 4 片绝缘子则表现为颜色均匀，表面出现多处磨损，底部金具连接处积污严重并大面积老化脱落。

（2）同一绝缘子串不同部位间，绝缘子的外观也存在差异。例如，U420BP/205D 悬垂串的上、中、下部的外观情况，尽管绝缘子串各处颜色均匀，伞裙上表面出现局部磨损脱落，下表面积污较为严重，呈现相似的特征，但在金具连接处出现了差异，绝缘子串的上、下部位均表现为底部金具连接处脱落区域较小，而中部金具连接处脱落区域较大。

各 RTV 绝缘子外观状态如图 5-31 所示，由图可知：运行 RTV 绝缘子主要出现了表面粉化褪色、起皮、脱落、伞裙边缘涂层磨损脱落、绝缘子局部伞裙损坏等情况，也有部分绝缘子由于现场喷涂 RTV 涂料出现了喷涂不均匀的现象，RTV 绝缘子表面涂层厚度出现明显差异。

图 5-31　各 RTV 绝缘子外观检查

（a）表面涂层粉化；（b）表面涂层破损脱落；

（c）涂层喷涂不均匀；（d）表面积污

采用喷水法测试所抽检线路绝缘子的憎水性，结果如表 5-17 所示，可以得到以下结论：

（1）同一绝缘子串，不同部位间的憎水性存在差异。CA-597EX 耐张串绝缘子上部和下部的憎水性等级均为 HC1，而中部第 26 片和第 27 片绝缘子均为 HC2，可见绝缘子串中间位置的憎水性等级低于两端绝缘子表面涂层的憎水性等级。

（2）随着 RTV 绝缘子运行年限的增加，涂层的憎水性逐渐降低，绝缘子表面涂层出现轻微老化状况。运行 2 年的 RTV 绝缘子表面憎水性保持 HC1～HC2；运行 3 年的 RTV 绝缘子表面憎水性在 HC2～HC3 之间；运行超过 5 年的 RTV 绝缘子表面憎水性在 HC3～HC4 之间。图中 RTV 绝缘子上表面的憎水性略低于下表面，这是由于运行过程中绝缘子上表面受到污秽、紫外线、刮风、降雨等环境应力的影响作用大于下表面，造成了上表面的憎水性略低于下表面。

（3）不同运行年限 RTV 绝缘子憎水性随着运行年限的增加，其憎水性也出现缓慢降低的趋势。运行 2 年的 U420BP/205D 和 CA-597EX 的憎水性为 HC1～HC3，运行 5 年的 U210BP/170（玻璃）憎水性为 HC2～HC4，而运行 8 年的 U210BP/210H 和 U300BP/210H 憎水性为 HC3～HC4。

表 5-17　　　　　　　　不同线路绝缘子串不同位置的 RTV 憎水性

序号	绝缘子	位置	憎水性
1	U420BP/205H	低压	HC2～HC3
2	U420BP/205H	中压	HC1～HC3
3	U420BP/205H	高压	HC1～HC2
4	U550BP/240H	低压	HC1～HC2
5	U550BP/240H	中压	HC1～HC3
6	U550BP/240H	高压	HC1～HC3
7	U550BP/240H（玻璃）	低压	HC2～HC3
8	U550BP/240H（玻璃）	中压	HC1～HC2
9	U550BP/240H（玻璃）	高压	HC2～HC3
10	CA-597EX	低压	HC1
11	CA-597EX	中压	HC2
12	CA-597EX	高压	HC1
13	U420BP/205D	低压	HC2
14	U420BP/205D	中压	HC1～HC2
15	U420BP/205D	高压	HC2
16	U420BP/205D	低压	HC2～HC3
17	U420BP/205D	中压	HC1～HC2
18	U420BP/205D	高压	HC2
19	U550BP/240T	低压	HC2～HC3
20	U550BP/240T	中压	HC2～HC3
21	U550BP/240T	高压	HC2～HC3

（二）RTV 绝缘子憎水性丧失建议措施

在日常的巡检中，加强对绝缘子 RTV 涂层的检查，对憎水性下降的绝缘子应该及时补涂。

第四节　复涂 RTV 绝缘子的性能研究

长期运行后，RTV 绝缘子表面的涂层会逐渐劣化。当其耐污闪性能下降到一定程度时，需要对其进行修复处理。修复措施为更换绝缘子或重新喷涂 RTV 涂料，或者在旧的绝缘子上直接复涂 RTV 涂料。显然，直接复涂 RTV 涂料的经济效益更为明显。复涂 RTV 涂料，主要需要考虑的问题有两个：新涂层能否有效黏合在旧涂层表面，旧涂层的劣化特性对绝缘子外绝缘性能是否有显著影响。本节通过在实验室内对长期运行后的 RTV 绝缘子复涂 RTV 涂料，分析复涂方法对其的影响。

一、溶胀性能

（一）旧涂层的溶胀性能分析

硅橡胶作为一种高分子聚合物，在有机溶剂中会发生溶胀现象，即吸入一定量的溶剂，体积发生膨胀。在复涂 RTV 涂料时，由于新涂料中有溶剂存在，因此会造成旧涂层的溶胀。旧涂层发生劣化后，需要考虑其溶胀会不会导致脱落问题。对于这一问题，可以从两方面进行考虑：一是 RTV 涂层溶胀对其附着力是否有影响，二是涂层起皮后溶胀是否会加剧涂层脱落。

对于溶胀对旧涂层附着力的影响，分别在玻璃片和真实绝缘子上进行了溶胀试验。对与基材黏合状态良好的 RTV 旧涂层溶胀后，利用划格法试验测量涂层的附着力。使用的溶剂为 120 号溶剂汽油，溶胀时间为 24h，结果如图 5-32 所示。

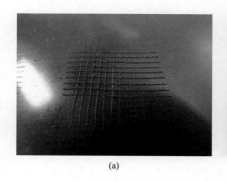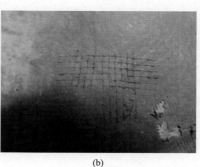

图 5-32　旧涂层溶胀后的附着力

（a）玻璃片；（b）绝缘子

120 号溶剂汽油能够与 RTV 涂料完美混合，与涂料的固有溶剂结构相似，因此溶胀效果也相似。从图中可以看出，旧涂层吸入有机溶剂发生溶胀后，附着力并没有明显的下降现象。但另一方面，从图中可以看出，划格法试验的划痕上出现了涂层的突起现象，这说明，虽然溶胀现象不会影响旧涂层的附着力，但是，旧涂层溶胀后体积增大，内应力增强，受外力影响，如划格法试验时，内应力释放会导致涂层的突起。这种现象在涂层状态均匀时，只要没有外力作用，对涂层的影响不大，但是当涂层状态不均匀时，如发生起皮现象附近的涂层，内应力就可能加剧这种破坏作用，即溶胀可能加剧起皮涂层的脱落。为了验证这一推论，同样在玻璃片和真实绝缘子上进行了试验，结果如图 5-33 所示。

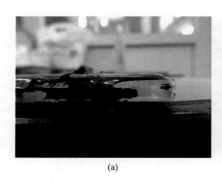 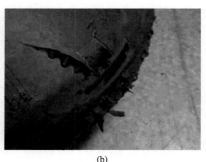

(a)　　　　　　　　　　　　　　(b)

图 5-33　起皮涂层的溶胀现象

(a) 玻璃片；(b) 绝缘子

图 5-33 (a) 为玻璃片的边缘，在施涂 RTV 涂料时，使涂层向外延伸，可以造成涂层起皮现象。此时再进行溶胀试验，可以发现，边缘起皮涂层会由于内应力而连同附近涂层一起突起。这在真实绝缘子上也得到了相似的结果，如图 5-33 (b) 所示。

以上试验说明，溶胀作用并不会影响旧涂层的附着力，但当旧涂层出现起皮现象时，起皮位置附近的旧涂层与基材的附着力极不均匀，会导致溶胀后涂层内应力的释放，加剧起皮涂层的破坏程度。

（二）复涂施工方法的影响

硅橡胶是交联聚合物，属于有限溶胀体系，在足量的溶剂内，硅橡胶溶胀到一定程度后，吸入溶剂的量将不再改变，体积膨胀停止，达到一种平衡状态，即饱和溶胀。上节中，所进行的溶胀试验都是在足量的溶剂内进行的，达到了饱和溶胀的状态。实际复涂中，RTV 涂料的溶剂含量远达不到饱和溶胀所需要的量。

复涂试验所使用的 RTV 涂料，为通过标准 DL/T 627—2018 及 ISO 9001 质量管理体系认证合格的产品，经实测，固体含量为 50%～60%，如表 5-18 所示。

表 5-18 **RTV 涂料的固体含量**

试验编号	模具质量（g）	固化前涂料及模具质量（g）	固化后涂料及模具质量（g）	固体含量（%）
1	114.9939	126.4192	121.7620	59.24
2	116.5724	131.0087	124.2698	53.31

由于 RTV 涂料的溶剂含量小于 50%，因此，复涂中旧涂层的溶胀作用远小于上节的试验，这是有利的。而复涂 RTV 涂料时的施工方法不同，溶剂的挥发速度也不同，溶剂挥发越快，所产生的溶胀作用越小，对旧涂层越有利。在实验室内，对 RTV 样片进行了不同方法下的复涂试验，观察刷涂与喷涂所产生溶胀作用的差别。

使用一定量的 RTV 涂料，对相同大小的 RTV 样片，分别用刷涂和喷涂的方法进行复涂。其中，喷涂时喷枪使用的气压大小为 0.4MPa，喷枪距离样片 15cm。喷涂和刷涂的效果如图 5-34 所示。

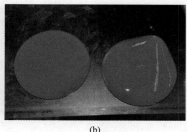

(a)　　　　　　　　　　　　　(b)

图 5-34　喷涂和刷涂的效果

(a) 喷涂；(b) 刷涂

从图 5-34 中可以看出，用刷涂的方法复涂 RTV 涂料时，RTV 样片溶胀、变形程度更大。这主要是因为，喷涂时，涂料形成喷雾，在空气中就发生了溶剂挥发，涂料到达样片表面时的溶剂更少；刷涂时不存在这一过程，且涂料在样片表面局部位置积聚时间长，因此溶胀更为明显。

二、黏合性能

（一）复涂 RTV 绝缘子的涂层附着力分析

广东的 RTV 绝缘子的涂层附着力在高湿、多雨的气候环境作用下容易下降，逐渐发展成起皮、脱落现象。对于这一类涂层劣化现象，在实验室内对其进行了复涂后整体涂层的附着力测量，结果如图 5-35 所示。

从图 5-35 中可以看出，当绝缘子表面 RTV 涂层的附着力较差时，复涂后并不能改善这种情况。这说明，作为一种 RTV 涂层老化后的修复措施，复涂只能改善憎水性能等表面状态，无法改善旧涂层的力学性能。而涂层的力学性能与涂层的黏合性能有密切关系，当涂层力学性能下降后，黏合性能很有可能下降。因此，由于旧涂层的老化，即使复涂后，整体涂层的力学性能、黏合性能等也与新涂层有着显著的差距，并不能保证其与新涂层的长期运行有效

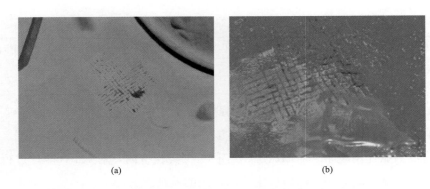

(a)　　　　　　　　　　　(b)

图 5-35　复涂对附着力的修复效果
（a）复涂前；（b）复涂后

性一致。目前，对于绝缘子表面老化的 RTV 旧涂层，尚无经济、便利的清除方法。经试验，当旧涂层附着力等级在 5 级时，才可以较好擦除，而 3 级、4 级的则难以擦除。因此复涂一般在旧涂层的基础上运行，这就要求，在实际运行监测管理中，应当缩短复涂涂层的使用周期。

（二）污秽对新、旧涂层黏合性能的影响

RTV 绝缘子长期运行后，表面积污严重。RTV 涂层表面污秽的存在，增大了涂层的粗糙度，极有可能影响复涂后新涂层与旧涂层的黏合性能。

实际中的污秽包括可溶无机盐和不溶固体物。不溶固体物种类繁多，因地区不同而有所不同，如煤灰、水泥、土壤粉尘等。经试验，固体不溶物在 120 号溶剂汽油中也不能溶解。大部分的可溶无机盐，同样是无法溶于 120 号溶剂汽油等烃类有机溶剂的。因此，在对 RTV 绝缘子进行复涂时，在不对污秽进行处理的情况下，污秽在复涂涂料中依然保持着颗粒状态。图 5-36 是有污秽时和没有污秽时，复涂后涂层分界面的电子扫描显微照片。其中，图 5-36（a）为没有污秽的情况，新涂层与旧涂层紧密相合。图 5-36（b）为有污秽的情况，由于污秽颗粒的存在，阻碍了新涂层与旧涂层的粘合，出现了类似孔洞状的结构。

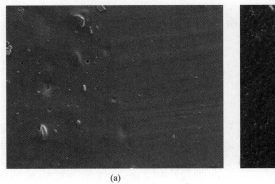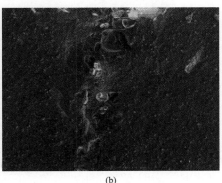

(a)　　　　　　　　　　　(b)

图 5-36　无污秽和有污秽时的复涂效果
（a）无污秽；（b）有污秽

为了研究宏观状态下污秽对涂层间黏合性能的影响，对 RTV-污秽样品进行溶胀破坏及电弧烧蚀破坏，观察其破坏状态。

溶胀破坏，即利用 120 号汽油对样品进行连续浸泡。RTV 涂层溶胀后，由于体积膨胀，会产生内应力。因此，当涂层内部有缺陷存在时，内应力可以使缺陷扩大化，能够方便地发现原本不可见的微小缺陷。

进行溶胀破坏实验的样品情况如表 5-19 所示，包括了常用人工污秽中的两种灰（高岭土、硅藻土）和盐（NaCl），并设置了没有污秽的对照组。将样品放入 120 号溶剂汽油中浸泡 24h 后取出，用美工刀从样品中间切开，观察涂层分界面间的变化，如图 5-37 所示。

表 5-19 溶胀破坏试验方案

试验编号	面积（cm×cm）	污秽种类	污秽量（mg/cm²）
1	10×5	高岭土	0.5
2	10×5	硅藻土	0.5
3	10×5	NaCl	0.5
4	10×5	无	0

(a) (b)

(c) (d)

图 5-37 溶胀破坏试验

（a）1 号样品溶胀破坏现象；（b）2 号样品溶胀破坏现象；

（c）3 号样品溶胀破坏现象；（d）4 号样品溶胀破坏现象

从图 5-37 中可以看出，在有污秽的情况下，无论污秽是高岭土、硅藻土还是 NaCl，都会对涂层的黏合性能造成影响，经过溶胀破坏作用，内应力将这种影响扩大，两层涂层发生分离。

电弧烧蚀破坏试验，主要是考虑到 RTV 涂层在运行过程中可能出现的极端恶劣条件下发生放电、局部电弧现象对涂层的影响。电弧烧蚀对涂层造成破坏时，局部集中的电、热效应极强，如果两层涂层间的黏合性能较差，就有可能造成涂层分离。

电弧烧蚀试验采用漏电起痕试验装置进行，如图 5-38 所示。试验依照国家标准 GB/T 6553—2014《严酷环境条件下使用的电气绝缘材料 评定耐电痕化和蚀损的试验方法》进行，采用恒定电痕化电压法，利用 NH_4Cl 和去离子水配置污染液，污染液在 23.4℃下的电导率为 $2505\mu S/cm$，符合标准 GB/T 6553—2014 要求。试验样品同样采用 RTV-污秽样品，人工污秽由硅藻土和 NaCl 配置，盐密 $0.1mg/cm^2$，灰密 $1.0mg/cm^2$，如表 5-20 所示。其中 3 号样品不含人工污秽，作为对照组。

图 5-38　漏电起痕试验装置

表 5-20　　　　　　　　　　　　　　电弧烧蚀破坏试验方案

试验编号	上层 RTV 厚度（mm）	总厚度（mm）	质量（g）	是否含污秽
1	1.089	2.417	15.1800	是
2	1.099	2.443	16.9102	是
3	1.072	2.439	16.3072	否

由于样品的 RTV 涂层较薄，采用的试验电压值选择为 3.5kV，对应的污染液流速为 0.3mL/min。经过 6h，试验结束，3 组样品试验期间，回路电流都没有超过 60mA，没有发生提前断电现象。连续烧蚀 6h 后，各样品的变化情况如表 5-21 和图 5-39 所示。

表 5-21　　　　　　　　　　　　　　电弧烧蚀破坏试验结果　　　　　　　　　　　　单位：g

试验编号	试验前质量	试验后质量	烧蚀质量	涂层烧蚀状态
1	15.1800	14.9142	0.2658	两层 RTV 均已烧透
2	16.9102	16.7622	0.1480	上层 RTV 已烧透
3	16.3072	16.1843	0.1229	上层 RTV 已烧透

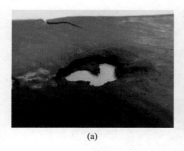 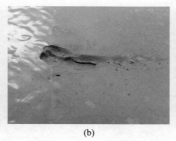 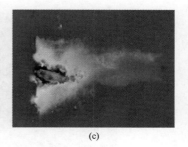

(a)　　　　　　　　　(b)　　　　　　　　　(c)

图 5-39　电弧烧蚀破坏试验

(a) 1号；(b) 2号；(c) 3号

从试验结果看，3组样品的 RTV 涂层烧蚀都比较严重，两层 RTV 已完全烧透其中一层。试验过程中，当上层 RTV 完全烧透后，1号、2号样品由于有污秽的存在，电弧现象更为明显，多次出现明黄色耀眼火光，而3号样品没有这种现象。这表明，污秽的存在会加剧烧蚀的作用。观察试验后样品的烧蚀处，可以发现，1号、2号样品出现了明显的两层涂层分离现象，甚至进一步的，可以从烧蚀处将两层涂层掰离，而3号样品没有这种现象。这表明，涂层被电弧烧蚀时，由于局部电、热集中，破坏力强，污秽的存在会导致两层涂层分离。

综合上述试验分析，复涂时，如果旧涂层表面有污秽存在，对新涂层与旧涂层的黏合性能有不利影响，在一些极端恶劣条件下，很有可能造成新涂层与旧涂层分离，引起涂层起皮、脱落现象。因此，有必要在复涂前对旧涂层表面的污秽进行清除。由于污秽影响新、旧涂层的黏合性能的原因主要在于其保持颗粒状态不溶于 RTV 涂料的有机溶剂，因此清除污秽时只需要清除绝缘子表面浮尘等颗粒状污秽即可，对于由于渗透作用而与涂层紧密融合的污秽成分可不做处理。使用干布（如干燥的法兰绒或无纺布）对绝缘子表面进行擦拭，效果良好。同时，在擦拭过程中，由于力的作用，也能够在一定程度上清除起皮涂层，防止起皮涂层的溶胀问题出现。而之所以选择干布，是为了防止浸泡作用下水分渗透入 RTV 涂层内部，导致其附着力破坏，再受外力作用时可能会起皮、脱落，因此不宜用湿布大力擦拭。进一步的，复涂时应该选择晴朗、空气湿度较低的天气环境。

（三）复涂施工方法对黏合性能的影响

对于严重老化的 RTV 涂层，去除表面颗粒状污秽后，其粗糙度仍然较大，如图 5-40 所示。

从图 5-40 中可以看出，旧涂层表面形貌极其粗糙，出现了凹凸不平、孔洞等现象。在复涂时，这些都可能引起内部缺陷，同时，由于浸泡作用下水分能够渗透入 RTV 涂层内部，在雨天等情况下，这些内部缺陷还可能会贮存水分，对新、旧涂层的黏合性能十分不利。因此，复涂 RTV 涂料时需要 RTV 涂料尽可能地填补这些粗糙结构，而不同的方法，其效果是不同的。

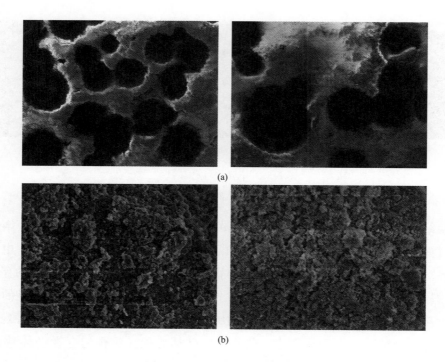

图 5-40　旧涂层表面微观形貌

（a）旧涂层表面电子扫描显微照片（1μm）；（b）旧涂层表面电子扫描显微照片（10μm）

由于旧涂层粗糙结构在几何量级上比污秽颗粒粒径更小，普通的破坏性试验难以检测这种缺陷。在 IEEE 标准 IEEE 1523：2002 *IEEE Guide for the Application，Maintenance，and Evaluation of Room Temperature Vulcanizing（RTV）Silicone Rubber Coatings for Outdoor Ceramic Insulators* 中推荐采用水煮法对 RTV 涂层的黏合性能进行检测。

对长期运行后的 RTV 绝缘子，清除下表面的污秽后，分别用刷涂和喷涂的方法复涂 RTV 涂料。所选择的 RTV 绝缘子样品下表面的旧涂层状态完好，无起皮、脱落现象，可以排除这些因素对新、旧涂层黏合性能的影响，仅讨论施工方法对黏合性能的影响。复涂 RTV 绝缘子放置 72h 后，进行连续沸水煮试验 100h，观察涂层的状态变化，如图 5-41 所示。

图 5-41　不同复涂方法的水煮试验结果

（a）刷涂；（b）喷涂

从图 5-41 中可以看出，刷涂的样品在水煮后，出现了涂层鼓泡现象，而喷涂的样品则没有出现这种现象。这表明，复涂时采用喷涂的方法，新、旧涂层的黏合性能更好。出现这种差异的原因在于，喷涂时形成的雾状涂料更容易与旧涂层黏合，填补涂层粗糙部分，而刷涂法受涂料黏度影响，填补效果较差。

参 考 文 献

［1］ 关志成. 绝缘子及输变电设备外绝缘［M］. 北京：清华大学出版社，2006.

［2］ 卢明. 输电线路运行典型故障分析［M］. 北京：中国电力出版社，2014.

［3］ 卢明. 复合绝缘子技术及故障案例分析［M］. 北京：中国电力出版社，2018.

［4］ 国家电网公司运维检修部. 输电线路六防工作手册：防污闪［M］. 北京：中国电力出版社，2015.

［5］ 蒋正龙，吴伟，尹小根，等. 具有防雷功能的 500kV 线路绝缘子优化设计及防雷防冰闪试验分析［J］. 高电压技术，2017，43（12）：3843-3849.

［6］ 高超，卢明，刘泽辉，等. ±800kV 特高压直流线路玻璃绝缘子自爆分析［J］. 电瓷避雷器，2018，286（06）：167-171.

［7］ 谢洪平. 500kV 输电线路钢化玻璃绝缘子集中自爆现象分析［J］. 江苏电机工程，2006，25（2）：55-57.

［8］ 程登峰，傅中，季坤. 一起玻璃绝缘子自爆原因分析［J］. 电瓷避雷器，2012（5）：29-33.

［9］ 赵建坤，王淼，安凯月，等. 盘形悬式瓷绝缘子炸裂事故原因分析及防范措施［J］. 内蒙古电力技术，2019，37（1）：94-97.

［10］ 夏令志，程登峰，秦金飞，等. 一起 220kV 架空输电线路双伞型瓷绝缘子炸裂故障分析［J］. 电气技术，2017（9）：72-74.

［11］ 李宝泉，李锁彦. 110kV 大新线耐张杆瓷绝缘子串污闪跳闸分析［J］. 河北电力技术，2006，25（5）：12，44.

［12］ 齐悦. 500 千伏姚双线运行分析与研究［D］. 郑州：郑州大学，2015.

［13］ 吴向东，徐天勇，艾智平. 500kV 线路高寒山区绝缘子覆冰故障［J］. 高电压技术，2002，28（7）：55，57.

［14］ 韩四满，李秀广. 宁夏电网覆冰积雪闪络事故的分析及对策［J］. 电气技术，2013（9）：41-43.

［15］ 李浩. 110kV 线路瓷质绝缘子雷击吊串事故分析［J］. 云南电力技术，2014，42（3）：62-63.

［16］ 郭志锋，陈智. 输电线路瓷绝缘子雷击掉串分析及对策［J］. 江西电力，2011，35（1）：18-20.